碧螺飘香的季节（黄明 摄）

碧螺报春（秦伟根 摄）

茶农人家（沙仲华 摄）

洋学生学炒茶（计龙根 摄）

1

碧螺春讯（金燕萍 摄）　　　　　　　　碧螺飘香（任祝成 摄）

茶果间植（席时超 摄）

采摘茶叶（苏州市吴中区洞庭山
碧螺春茶业协会供图）

2

拣剔鲜叶（戚振林 摄）

2003年首届苏州市吴中区碧螺春茶文化节
洞庭山杯"碧螺姑娘"评选决赛（戚振林 摄）

2004年苏州洞庭（山）碧螺春炒茶能手
擂台赛专家评比（戚振林 摄）

2021年炒茶能手在杭州参加第四届中国国际茶叶博览会留影（苏州市吴中区
洞庭山碧螺春茶业协会供图）

2023 年首届中国苏州太湖洞庭山碧螺春茶文化节启动仪式（苏州市吴中区洞庭山碧螺春茶业协会供图）

在 2023 年首届中国苏州太湖洞庭山碧螺春茶文化节上 （苏州市吴中区洞庭山碧螺春茶业协会供图）

2023 年首届中国苏州太湖洞庭山碧螺春茶文化节 （中共苏州市吴中区委宣传部供图）

2023 年 7 月 11 日，为庆祝"中国传统制茶技艺及其相关习俗"被列入人类非物质文化遗产代表作名录，由中国文化和旅游部主办，中国对外文化交流协会、江苏文化和旅游厅、巴黎中国文化中心承办的"茶和天下·苏韵雅集"活动在位于巴黎的联合国教科文组织总部举行（苏州市文化广电和旅游局对外交流处供图）

洞庭山碧螺春

主编 严介龙

副主编 袁雪洪

洞庭山

苏州大学出版社

Soochow University Press

图书在版编目(CIP)数据

洞庭山碧螺春/严介龙主编. -- 苏州：苏州大学
出版社，2023.10
 ISBN 978-7-5672-4581-5

 Ⅰ.①洞… Ⅱ.①严… Ⅲ.①绿茶-介绍-苏州
Ⅳ.①TS272.5

 中国国家版本馆 CIP 数据核字(2023)第 205816 号

DONGTINGSHAN BILUOCHUN

书　　名：洞庭山碧螺春

主　　编：严介龙
策划编辑：刘　海
责任编辑：刘　海
装帧设计：吴　钰

出版发行：苏州大学出版社(Soochow University Press)
出 品 人：盛惠良
社　　址：苏州市十梓街 1 号　邮编：215006
印　　刷：苏州工业园区美柯乐制版印务有限责任公司
　E-mail：Liuwang@ suda.edu.cn　　QQ：64826224
邮购热线：0512-67480030
销售热线：0512-67481020

开　　本：718 mm×1 000 mm　1/16　印张：11.25　字数：126 千　插页：2
版　　次：2023 年 10 月第 1 版
印　　次：2023 年 10 月第 1 次印刷
书　　号：ISBN 978-7-5672-4581-5
定　　价：58.00 元

凡购本社图书发现印装错误，请与本社联系调换。服务热线：0512-67481020

编　委　会

序

　　上有天堂，下有苏杭。苏州，这座位于长江三角洲的"中国最具幸福感城市"，不仅具有强大的经济实力和持续的增长动力，还有着悠久的历史文化。在拥有苏州古典园林、大运河苏州段两项世界文化遗产的同时，这座既古老又年轻的城市还拥有 7 项世界非物质文化遗产，碧螺春制作技艺就是其中之一。

　　"从来隽物有嘉名，物以名传愈自珍。梅盛每称香雪海，茶尖争说碧螺春。"作为中国历史名茶，碧螺春自创制以来，可谓家喻户晓。吴中区是碧螺春的核心产区，地处苏州中心城区核心腹地，独揽五分之三的太湖水域，是长三角地区的"生态绿肺""城市氧吧"，得天独厚的自然山水赋予了吴中独特的"江南味道"。生长在洞庭东山和西山果园之中的碧螺春茶树，长年受太湖雾气滋润，吸收四季花果之香，品质高雅，优势突出，以碧螺春茶树的嫩芽为原料制作的碧螺春茶素以形美、色艳、香浓、味醇"四绝"闻名中外。

　　近年来，苏州市吴中区坚持"政府为主导、市场为龙头、品牌为主线"的产业发展之路，通过强化品牌建设、强化文化传承、强化立法保护、强化企业培育、强化科技兴茶，依靠科技创新，实现了品牌知名度与影响力的不断扩大，有效地助推了当地农业产业化及区域经济繁荣发展。吴中区连续多年入选"全国重点产茶县域"，并被中国茶叶流通协会授予 2022 年度"'三茶统筹'先行县域"称号。2023 年 3 月，"2023 首届中国苏州太湖洞庭山碧螺春茶

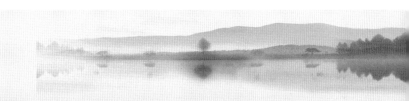

文化节"在碧螺春茶的发源地水月坞举办，吴中区推出了一系列做强洞庭山碧螺春茶品牌的举措，计划按照《苏州市吴中区洞庭山碧螺春茶产业振兴三年行动方案（2023—2025)》文件要求，通过品质提升实现产业新跨越，通过科技赋能激发茶产业新活力，通过品牌建设开辟产业新赛道，进一步强化洞庭山碧螺春茶全球农业文化遗产建设基础条件，争创"全球双非遗"农产品，剑指10亿元级产值，力争把洞庭山碧螺春做成中国生态绿茶第一品牌。

值此洞庭山碧螺春茶产业重装上阵之际，吴中区洞庭山碧螺春茶业协会在苏州市吴中区农业农村局、苏州市吴中区文化体育和旅游局及苏州农业职业技术学院的大力支持下，组织专家学者编写了《洞庭山碧螺春》一书。作为本书主编的严介龙先生，是非物质文化遗产碧螺春制作技艺代表性传承人，也是经中国茶叶流通协会评定的第一批中国制茶大师（绿茶类）。他16岁开始制茶，至今已历44载，创立了严介龙古法碧螺春炒制茶技。作为资深茶人，严介龙与其他作者在书中对洞庭山碧螺春的基本概况、生产栽培、采制工艺、冲泡品鉴、文化传播、非遗传承等进行了详尽描述，并对其未来发展前景进行了展望。

打开《洞庭山碧螺春》一书，人们会情不自禁地跟随编者，怀着探究发现之心，带着优雅从容之情，伴着恬静洒脱之韵，犹如亲临吴中洞庭山，寻味茗茶之本真，体会生活之美好，在茶香茶韵中，感受中华文化之博大精深、前人智慧之厚积薄发、茶人精神之精行俭德。

作为新时期中国茶产业发展的见证者之一，我相信：本书的出版，不仅将对广大茶人及消费者深入了解洞庭山碧螺春、喜爱洞庭山碧螺春等起到很大的帮助作用，还将对洞庭山碧螺春茶文化和茶产业的发展有着存史和启迪的积极作用，必将受到社会各界的广泛欢迎。

在此，谨向本书的付梓致以衷心祝贺！并祝洞庭山碧螺春茶产业兴旺发达、再续辉煌！

是为序。

中国茶叶流通协会会长

全国茶叶标准化技术委员会主任委员

2023 年 9 月

◆ 前 言 ◆

　　洞庭山碧螺春可谓上苍的恩赐和大自然的馈赠，它不仅是千百年来洞庭东山和西山人民安身立命之所在，更是洞庭东山和西山人民勤劳智慧的结晶——它凝结着历代茶农的辛勤劳作与创造。

　　洞庭山碧螺春自唐宋时期被列为贡品以来，素以中国十大名茶之一闻名于世，而今已成为苏州的城市名片。江苏吴中碧螺春茶果复合系统堪称中国农耕文明的典范，被列入中国重要农业文化遗产名单；碧螺春制作技艺作为"中国传统制茶技艺及其相关习俗"的重要组成部分，被联合国教科文组织列入人类非物质文化遗产代表作名录。洞庭山碧螺春独一无二的冲泡技艺，蕴含着极其丰富的茶文化内涵，是对博大精深的中华茶文化的又一贡献。

　　洞庭山碧螺春是前人留给我们的宝贵财富，值得珍视，更值得弘扬和传承。苏州市政府连续多年在工作报告中指出，要加强地方种质资源保护利用，做优做强"洞庭山碧螺春"等农产品区域公用品牌；并出台《苏州市洞庭山碧螺春茶保护条例（草案）》，旨在完善洞庭山碧螺春茶园和茶树种质资源长期保护制度，强化碧螺春茶产业的扶持与发展政策举措，突出碧螺春茶文化的保护传承。作为碧螺春原产地的苏州市吴中区在出台一系列政策措施的基础上，于2023年年初又出台了《苏州市吴中区洞庭山碧螺春茶产业振兴三年行动方案（2023—2025）》，提出要从"基地提升、品质提优、市场拓展、品牌强化、文化弘扬"的战略高度，加快要素

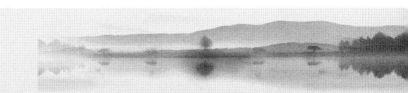

整合创新，致力把洞庭山碧螺春打造成"生态绿茶第一品牌"。洞庭山碧螺春茶的产业发展与文化传承，呼唤一部较为系统完善且具有现代意识与参考价值的碧螺春茶著作。基于这样的考虑，我们组织有关专家学者编写了《洞庭山碧螺春》一书。本书围绕洞庭山碧螺春的生产制作和文化传承，溯源洞庭山碧螺春的历史，系统介绍洞庭山碧螺春的种质资源、栽培技术、生态环境及原产地保护，详细记述洞庭山碧螺春的制作技艺、非遗传承、质量标准体系建设及产业化发展，深入挖掘碧螺春茶文化的丰富内涵及其价值意义。

《洞庭山碧螺春》全书共七章，由严介龙任主编、袁雪洪任副主编。主编严介龙系中国制茶大师、非物质文化遗产碧螺春制作技艺代表性传承人。其从事碧螺春茶的生产制作长达 40 多年，倾力于洞庭山碧螺春传统炒制技艺的挖掘修复与整合创新，积累了丰富的理论和实践经验，参与起草《苏式传统文化　洞庭（山）碧螺春茶制作技艺传承指南》等。本书的编写具体分工如下：第一章"洞庭山碧螺春的基本概况"，由袁雪洪编写；第二章"洞庭山碧螺春的生产栽培"，由韩鹰编写；第三章"洞庭山碧螺春的采制工艺"，由严介龙、严斌编写；第四章"洞庭山碧螺春的冲泡与品鉴"，由陈君君编写；第五章"洞庭山碧螺春茶文化及其传播"，由袁雪洪编写；第六章"洞庭山碧螺春的非遗传承"，由袁雪洪编写；第七章"洞庭山碧螺春的发展前景"，由袁卫明编写。袁雪洪负责统稿。严斌、王从安负责资料的收集和编撰协调工作。

在本书的编写过程中，我们参考了较多的文献资料，并得到了苏州市吴中区农村农业局、苏州市吴中区文化体育和旅游局、苏州市吴中区市场监督管理局、苏州历史文化研究会和苏州农业职业技术学院的大力支持，在此表示诚挚的谢意！

本书编委会

2023 年 8 月

目录

第一章

洞庭山碧螺春的基本概况

洞庭山碧螺春，是指产于江苏省苏州市太湖之畔洞庭东山和西山的特色优质茶叶，至今已有 1300 多年历史。洞庭山碧螺春以其独特的生态环境、特有的种植模式与制作工艺在丰富多样的中国茶叶中独树一帜，为中国十大名茶之一。2022 年 11 月，"碧螺春制作技艺"作为"中国传统制茶技艺及其相关习俗"的重要组成部分，被联合国教科文组织列入人类非物质文化遗产代表作名录。

一、洞庭山碧螺春的产地

洞庭山碧螺春生长于太湖洞庭山，主要分布在江苏省苏州市吴中区东山镇的碧螺村（俞坞）、双湾村（槎湾）、莫厘村和西山金庭镇的包山坞、水月坞、涵村坞、秉常村等区域。

（一）碧螺春原产地洞庭山

洞庭山位于江苏省苏州市西南部，太湖东南部。洞庭山

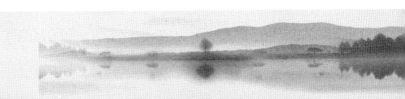

是东洞庭山、西洞庭山的统称，东洞庭山、西洞庭山通常称作"洞庭东山""洞庭西山"，简称"东山""西山"，分属于苏州市吴中区东山镇、金庭镇。

洞庭东山，位于洞庭西山之东。相传隋朝莫厘将军居于此，故又称"莫厘山"。据唐《十道志》记载，隋时东山岛与陆地相距30余里（1里=500米）。清道光十年（1830），东山与陆地（今吴中区临湖镇渡村社区）相隔缩至50米。100多年前，山之东北与陆地相接。从地形上看，今东山为伸展入太湖中的一个半岛，三面环水，地理坐标为北纬31°~31°21′，东经120°20′~120°35′。辖有三山、泽山、厥山等大小岛屿11个。主峰莫厘峰是太湖72峰中的第二大峰，海拔293.5米。东山镇历史悠久，为中国历史文化名镇，文化底蕴深厚，其旧石器时代遗址"三山文化"距今10000余年。镇域面积约96平方千米，下辖12个行政村和1个社区。2022年年末，户籍人口为5.3万人。

洞庭西山，为太湖中最大的一个岛屿。岛因山名，称"西山岛"。西山旧称"包山"。明《姑苏志》载："洞庭山在太湖中，一名包山，以四面水包之，故名。"《水经注》作"苞山"。地理坐标为北纬31°03′~31°12′，东经120°11′~120°22′。太湖72峰中有41峰在西山。其主峰缥缈峰海拔为336米，为太湖72峰中的最高峰。西山镇距苏州古城45千米，为江苏省历史文化名镇。2007年6月28日，西山镇更名为"金庭镇"。镇域面积约83.42平方千米，下辖11个行政村和1个社区。2022年年末，户籍人口约5.1万人。现太湖大桥从渔洋山由东向西南贯通西山。

位于太湖之滨的洞庭山气候温和,年平均气温 15.5℃~16.5℃,年均降水量为 1000~1500 毫米。

萦绕两山的辽阔太湖,水汽蒸腾,云雾弥漫,空气湿润,加上洞庭山土壤呈微酸性或酸性,土质疏松,十分适宜茶树生长。洞庭山植被丰富,果木繁多,茶树与枇杷、杨梅、桃、李、梅、杏、橘、柿、白果、石榴等 20 余种优质果木相间种植,茶果枝丫相连,根脉相系,茶吸果香,花窨茶味,形成了洞庭山碧螺春花香果味的自然特性。

(二) 洞庭山碧螺春原产地保护

在长期的茶树栽培种植中,除了茶果间作外,还形成了洞庭山地方群体性茶树品种,通常称为"洞庭山群体小叶种茶树",其特点是生长出来的茶叶嫩梢较长,质量较轻,制成的茶叶条索纤细,银绿隐翠,是我国十分珍贵的优质茶树品种。

历史上,洞庭山的茶叶生产以家庭为单位,茶叶生产规模呈自然增长状态。中华人民共和国成立后,尤其是改革开放之后,当地地方政府和茶叶界十分重视洞庭山碧螺春的种质和产地保护。1979—1980 年,江苏省茶叶学会组织茶树地方品种资源调查组对洞庭山的茶树种质资源进行调查,提出对地方性群体小叶种茶树实施保护性发展。

20 世纪 90 年代,吴县市多种经营管理局和质量技术监督局针对洞庭山碧螺春物种与茶园管理,组织起草了《洞庭碧螺春茶园建设》《洞庭碧螺春茶园管理技术》两个文件。2000 年 5 月,经江苏省质量技术监督局审定,这两个文件作为江苏省地方标准予以颁布实施。与此同时,相关部门确定了洞庭山碧螺春茶原产地保护区域。2002年12月,国家质量监督检验检疫总局批准吴中区东山、西山为洞庭(山)碧螺春茶原产保护地域。2003年,国家标准《原产地域产品 洞庭(山)碧螺春茶》(GB 18957—2003)正式颁布实施。在洞庭(山)碧螺春茶原产保护地域获批当年(2002年),苏州市吴中区成立了洞庭山碧螺春茶原产地域产品保护管理委员会,制定了《洞庭山碧螺春原产地域产品保护管理办法》,全面实施洞庭山碧螺春原产地域产品保护,主要措施有:(1)建立洞庭山地方群体茶树优良种质资源库(资源圃)和良种母本园,对洞庭山群体小叶种茶树实行全面保护,每年开展跟踪性调查,实时掌握情况。(2)对碧螺春濒危原始茶树进行挂牌领养保护,统一指导管护,着手抢救性培育。(3)对洞庭山群体小叶种茶树进行无性繁殖与筛选,培育适制洞庭山碧螺春茶的优良品种,并在东山和西山茶区扩繁推广。(4)严禁外来茶树品种进入洞庭山碧螺春茶原产保护地域,确保洞庭山碧螺春原产保护地域茶树品种的优良性、纯正性和独特性。

2010年后,吴中区又相继出台了《吴中区洞庭山碧螺春保护发展的实施意见》《关于加强产地保护、提升品牌效应,促进洞庭山碧螺春茶产业持续发展的工作意见》《苏州市吴中区洞庭山碧螺春茶产业振兴三年行动方案(2023—2025)》等文件和相关措施,加强原产地域生态环境保护和洞庭山碧螺春茶果复合系统重要农业文化遗产基础条件建设，选育洞庭山碧螺春优良茶树品系，探索建立可辨识的实物标样体系。累计投入保护资金超过 1 亿元，其中 2005—2009 年，吴中区人民政府对洞庭山碧螺春茶原产地域保护投入近 6000 万元，将洞庭山碧螺春的保护、利用与开发纳入政府重要工作，统一部署，落到实处。2022 年、2023 年的苏州市政府工作报告分别提出，要加强地方种质资源保护利用，做优做强"洞庭（山）碧螺春"等农产品区域公用品牌，并出台《苏州市洞庭山碧螺春茶保护条例（草案）》。2023 年苏州市吴中区政府工作报告明确提出实施碧螺春茶产业振兴三年行动计划，要求以"基地提升"为着力点，把洞庭山碧螺春打造成"生态绿茶第一品牌"。

二、洞庭山碧螺春的历史

碧螺春源于苏州洞庭东山和西山，洞庭山碧螺春是碧螺春茶中最具代表性、最稀缺珍贵的一类。了解洞庭山碧螺春，首先必须了解洞庭山茶的种植、生产历史。

（一）洞庭山茶树的种植起源

洞庭山茶树的种植始于何时？说法有多种。从现存文献资料来看，比较一致的观点是始于秦汉时期，距今 2000 多年。

就植物的起源而言，作为一个植物种类，洞庭山茶应该是伴随着太湖流域人类的生产、生活而产生并不断延续的。从现有的史料记载来

看，早在秦汉时期吴地人就有了饮茶的风俗习惯。三国时期陆玑《毛诗草木鸟兽虫鱼疏》载：

> 椒树似茱萸，有针刺，茎叶坚而滑泽。蜀人作茶，吴人作
> 茗，皆合煮其叶以为香。

《毛诗草木鸟兽虫鱼疏》是一部专门对《诗经》中提到的动植物进行注解的著作，被誉为"中国第一部有关动植物的专著"，其中记载的木本植物有 34 种之多。作者陆玑是吴地人，对吴地风物多有了解。椒，落叶灌木或小乔木，羽状复叶，枝上有刺，有香味，可用于制茶；茗即茶，引申为用嫩芽制成的茶。陆玑的这段记载表明，东汉时期或之前吴地人已有饮茶的习俗。《毛诗草木鸟兽虫鱼疏》又载：

> 山樗与下田樗略无异，叶似差狭耳，吴人以其叶为茗。

这再次说明在陆玑时代或之前，茶已进入吴地人的生活。另外还有一说，吴地种茶始于两晋南北朝，但未见文献记载。

至唐朝，洞庭山茶已较有名气。唐代陆羽《茶经》对洞庭山茶作了记载，并多次进行实地考察。唐至德二年（757）三月，陆羽经好友、高僧皎然介绍，与诗人刘长卿一起前往洞庭西山察看茶事。在包山寺方丈维谅和尚的引介下，二人来到地处深山的水月坞水月寺，在寺旁采茶品茗，因茶产于水月坞，便称之为"水月茶"（又名"小青茶"）。有皎然《访陆处士羽》诗为证：

太湖东西路，吴主古山前。

所思不可见，归鸿自翩翩。

何山赏春茗，何处弄春泉。

莫是沧浪子，悠悠一钓船。

对于洞庭山水月坞所产水月茶，宋代朱长文《吴郡图经续记》有载：

洞庭山出美茶，旧入为贡。《茶经》云："长洲县生洞庭山者，与金州、蕲州味同。"近年山僧尤善制茗，谓之"水月茶"，以院为名也，颇为吴人所贵。

这同时表明：洞庭山出好茶，且"为吴人所贵"；唐宋时期，洞庭山茶已被列入贡茶。而有人根据陆羽《茶经》所载，认为洞庭山茶的种植始于唐代，这显然是一种误解。

（二）"碧螺春"名称的来历

原洞庭东山和西山的茶叶通常称"洞庭茶"。据清金友理《太湖备考》载，茶出东、西两山，东山者胜。东山碧螺峰石壁有野茶数枝，山人朱元正采制，其香异常，将青茶晒干后泡饮，称"洞庭茶"。

以地域名是常见的一种茶叶得名方式。洞庭茶又因香气浓郁，俗称"吓煞人香"，"味殊绝，人矜贵之"。

清《苏州府志》更有详细记录：洞庭东山碧螺石壁，产野茶几株，每岁土人持筐采归，未见其异。康熙某年，按候采者如故，而叶较多，因置怀中，茶得体温，异香突发。采茶者争呼："吓煞人香！"茶遂以此得名。

相传一群姑娘上山采茶，天突然下起了雨，她们担心茶叶被雨水淋湿，便将茶叶揣入怀中，而刚从茶树上摘下来的嫩芽与人的体温相遇便散发出奇异清香，当地人遂把这种茶称为"吓煞人香"。"吓煞人"为吴地方言，即"不得了"，说明茶香之浓。

那么，"碧螺春"之名是怎样形成的？形成于何时？与"吓煞人香"有何关系？

关于碧螺春的名称由来，说法颇多。在民间流传较广的有三种。（1）相传一个叫碧螺的姑娘为救心爱的情郎，冒着生命危险从悬崖峭壁上采茶为之解毒，后来人们就把这种茶叶叫作"碧螺春"（以人得名）。（2）因该茶产自洞庭东山碧螺峰而得名（以峰得名）。（3）受洞庭西山水月寺佛像的螺状头发启发，把茶叶制成螺旋形状（以形得名）。比较一致且有可靠文献资料支撑的是，"碧螺春"之名为清康熙三十八年（1699）康熙皇帝所赐。

据《太湖备考》载，清康熙三十八年四月，康熙皇帝南巡浙江后返京，途经苏州洞庭东山。江苏巡抚宋荦接驾时，特从制茶高手朱正元处购得洞庭东山所产"吓煞人香"茶进献。康熙皇帝品饮后兴致勃发，大加赞赏，但又觉得"吓煞人香"四个字太过俗气，因该茶清汤碧绿、外形如螺、采制于早春，便赐名"碧螺春"。自此，碧螺春茶名扬天下，每岁进贡清廷。清陆廷灿《续茶经》、王应奎《柳南续笔》及《清

8

朝野史大观》对此均有记载。2000年出版的《中国名茶志》亦认为，"碧螺春"之名是清康熙三十八年圣祖南巡时所题是"目前比较公认的说法"，并认为宋荦在苏州任职期间向皇帝"进献此茶，似有可能"。

（三）碧螺春的制作历史

探讨碧螺春的名称来历，常常会涉及这样一个问题：碧螺春的制作源头。前述碧螺春名称来历中谈到的三种民间说法、特别是后两种都与碧螺春的形态相关。据《太湖备考》记载，最早的茶大多是将青叶晒干后直接泡饮。螺旋状、卷曲形制作方式是当地茶农根据茶树品种，在长期的生产实践中不断摸索形成的。因此，可以说，探究碧螺春名称的来历，实际上就是分析探讨碧螺春制作技艺的形成过程。

产于西山水月坞的水月茶，因形似碧螺而成为贡茶，当可视作碧螺春的一个源头或碧螺春的前身。现存于水月寺、刻于明正统十四年（1449）的《水月禅寺中兴记》碑有多首名人题诗，宋代苏舜钦"无碍泉香夸绝品，小青茶熟占魁元"的诗句，形象地揭示了水月茶（小青茶）的品质。明代陈继儒《太平清话》卷四载："洞庭山小青坞出茶，唐宋入贡。下有水月寺，即贡茶院也。"水月坞水月茶的制作方式当会影响周边茶农的制茶方式。由此可以推断，唐宋时期，洞庭山已经形成了较为成熟的碧螺春制作工艺。

明万历年间，张源在《茶录》中对洞庭山茶的制作作了详细记载，洞庭山茶的炒制包括杀青、轻团、焙干等工序，张源还对炒制要诀作了归纳：

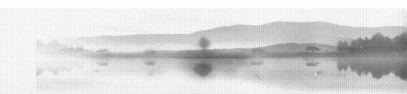

优劣定乎始锅，清浊系乎末火。火烈香清，锅寒神倦。火猛生焦，柴疏失翠。久延则过熟，早起却还生。熟则犯黄，生则着黑。顺那（挪）则甘，逆那（挪）则涩。带白点者无妨，绝焦点者最胜。

张源特别强调要把握好制茶时的火候，这与现代洞庭山碧螺春的炒制工艺要点基本一致。明代罗廪《茶解》则对茶树的生长环境作了描述：

茶园不宜杂以恶木，唯桂、梅、辛夷、玉兰、玫瑰、苍松、翠竹之类与之间植，亦足以蔽覆霜雪，掩映秋阳。

可见，至少在明代茶农就已开始注重茶园的生产管理。清代朱琛《洞庭东山物产考》对洞庭山碧螺春从采摘、拣剔、炒制到品饮都作了较为细致的描写：

洞庭山之茶，最著名为碧螺春……茶有明前、雨前之名，因摘叶之迟早而分粗细也。采茶以黎明，用指爪掐嫩芽，不以手採，置筐中覆以湿巾，防其枯焦。回家拣去枝梗，又分嫩尖一叶二叶，或嫩尖连一叶为一旗一枪，随拣随做，做法用净锅入叶约四五两，先用文火，次微旺，两手入锅，急急炒转，以半熟为度，过熟则焦而香气散，不足则香气未透。抄起入瓷盆中，从旁以扇扇之，否则色黄香减矣。碧螺春有白毛，他茶无之……饮之有清凉、醒酒、解睡之功。

上述记载表明，明清时期洞庭山的制茶技艺已基本趋于一致。

在漫长的农村自然经济发展过程中，洞庭山的茶树种植和茶叶生产以家庭为主体，在茶叶的制作技艺上也以家庭代际传承为主，由此形成了很多茶树种植和茶叶生产世家。现可追溯的有东山槎湾村周氏、碧螺村（俞坞）查氏、碧螺村严氏和西山夏家底村李氏等，他们世代以种茶树、制茶叶为生，坚守传统的碧螺春茶炒制工艺，成为碧螺春茶制作技艺的当然传承人。经过长时间的积累，碧螺春制作技艺也理所当然地成为人类珍贵的文化遗产。自 2007 年启动非物质文化遗产"碧螺春制作技艺"的保护传承以来，洞庭山已产生并确定各级非遗保护传承人12 名，还诞生了 7 名中国制茶大师、5 名中国制茶能手，同时还制定了国家标准《地理标志产品 洞庭（山）碧螺春茶》（GB/T 18957—2008），省级地方标准《洞庭山碧螺春茶园建设》（DB32/T 395—2010）、《洞庭山碧螺春茶园管理技术》（DB32/T 396—2010）、《洞庭山碧螺春茶采制技术》（DB32/T 397—2010），市级地方标准《苏式传统文化 洞庭（山）碧螺春茶制作技艺传承指南》，为洞庭山碧螺春茶的可持续发展提供了遵循和保障。

第二章

洞庭山碧螺春的生产栽培

地处苏州太湖之滨丘陵山区的生态环境、茶果间作的栽培模式和地方群体性小叶种茶树品种，孕育了洞庭山碧螺春，赋予了洞庭山碧螺春独特的品质。

一、自然适宜的生长环境

苏州洞庭山是碧螺春茶叶的主要产区，坐落于苏州吴中区西南方向的太湖之滨。洞庭山属于丘陵，山岭大部分由五通组石英砂岩和紫色云母砂岩及小部分中生代石灰岩组成，山区大部分是山坞或深浅不一的山谷。碧螺春茶园主要分布在洞庭山的山坞及山麓缓坡中。洞庭山的土壤由山丘岩石风化残积物发育而成，为地带性自然黄棕壤，山坞和山间开阔平地为耕型黄棕壤和壤质黄泥土。由于当地植被丰富且自然环境保护良好，洞庭山地区的土壤保持了较好的营养状况，有机质、碱解氮、有效磷和有效钾含量丰富，土壤偏酸性，pH 范围在 4~6。同时，洞庭山地区茶园土壤的重金属含量处于清洁安全的水平，这种质地安全、疏松、呈微酸性的土壤非常适合碧螺春茶树的生长，为有机碧螺春茶的生产提供了基础保障。另外，洞庭山地处中纬度亚热带湿润气候区，季风特征明显。受太湖及复杂地形的影响，洞庭山气候温暖湿润，四季分明，冬季的温度与苏州市区相比明显偏高。当地年平均气温在16℃~17℃，年平均日照时数为2190小时，全年平均日照百分率为49%，太阳辐射年总量为4651.1焦/平方米，无霜期为244天，年均降水量为1100毫米，相对湿度为79%。洞庭山降水充沛、温暖湿润、无霜期长，雨水充分、日照充足，昼夜时长比例优良，为茶树的良好生长提供了极其适宜的气候条件。

二、茶果相间的栽培模式

苏州洞庭山是我国古老的茶果间作区，植物种类丰富，乔木、灌木、草本等各类植被生长繁密，林木覆盖率在80%以上。2020年，江苏吴中碧螺春茶果复合系统入选中国重要农业文化遗产名单，碧螺春成为江苏省首个"双非遗"特色农产品。同年，洞庭山碧螺春获得农业农村部农产品地理标志认证。在历史上形成并传承至今的茶果间作系统，目前只有"江苏吴中碧螺春茶果间作系统"。碧螺春茶树喜阴、怕阳光直晒、怕霜雪寒冻，果树喜光、抗风、耐寒，当地农民在茶园中以种植茶树为主，嵌种各类特色果树，如桃、李、杏、梅、柿、白果、石榴、枇杷、杨梅、柑橘等，茶树与果树枝丫相连、根脉相通。果树可以为茶树遮蔽骄阳、蔽覆霜雪，果树的花粉、花瓣、果子、落叶等落入土壤后，茶树还可以从土壤中吸收果香、花味，茶吸果香，花窨茶味，陶冶出洞庭山碧螺春花香果味的天然品质。洞庭山碧螺春具有独特的果香味，与这种茶果间作的栽培模式是分不开的，可以说，没有茶果间作，洞庭山碧螺春就失去了特色。

近年来，吴中区针对碧螺春茶果复合系统生产模式及生态涵养区建设采用了茶园地力和环境提升等绿色生产技术，让这个古老的茶果复合系统焕发出新的创造力。这个系统不仅能生产碧螺春绿茶，制作红茶、炒青，还能产出一系列优质的果品，更是地区生态环境保护、生物多样性维护和农业农村可持续高质量发展的重要依托。碧螺春茶树与枇杷、杨梅、柑橘、枣树等果树间作，造就了洞庭山月月有花、季季有果、一年十八熟的自然生态景观，同时还衍生出了很多以碧螺春茶果间作为主题的特色景点。碧螺春茶果间作与山、与湖、与传统村落、与历史文化遗迹等相映成趣，是太湖洞庭山农业文化遗产最具特色的山水和人文画卷。

三、品质优越的种质资源

（一）种质资源特征

洞庭山茶树品种较杂，各单株间的性状差异也较大。江苏省茶叶学会全省茶树地方品种资源调查组曾于1979—1980年对洞庭山的茶树品种资源进行调查，认为洞庭山栽种茶树历史悠久，品种来源无从考证。洞庭山百年以上的老茶树现存较多，1980 年以前的茶树，除了少数紫芽种外，绝大多数系地方性群体品种，通常称为"洞庭山群体小叶种茶树"，其嫩梢较长，质量较轻。学者朱鸿寿曾在《吴县洞庭东西山茶树地方品种资源调查报告》中记载了洞庭山原产地茶树的形态特征：大部分为中小型灌木，树枝半披展，分枝密度中等，新梢节间较短。叶片水平状着生，叶色绿，叶面稍隆起，叶缘平，叶肉稍厚，叶质硬脆度中等，侧脉明显或尚明显，平均 7 对，叶齿粗、浅、钝，平均 22 对；叶型以中型为主，叶形椭圆，叶尖渐尖。花冠大小中等；萼片 5 瓣，萼色绿，花瓣 6~7 瓣，花色淡绿；柱头 3 裂，每千克茶籽为 880 粒。碧螺春茶的经济性状为嫩梢绿色或浅绿色，芽毫一般。1 芽 3 叶平均长 6.02 厘米，平均重 0.33 克。以 1 芽 2 叶为主体的现采茶叶，平均百芽重为 11.8 克。群体平均芽头密度是 1012 个/平方米，叶质柔软，嫩黄。对以 1 芽 2 叶为主的碧螺春鲜叶进行生化测定，其主要生化成分及比重分别为：氨基酸为 3.03%，儿茶素为 15.87%，咖啡碱为 3.49%，茶多酚为 24.56%。

目前洞庭山碧螺春原产地茶树品种主要是以"柳叶条""酱板头""柴茶"等为代表的群体小叶种。除了本地群体小叶种外，生产上还有"楮叶种""迎霜""鸠坑""龙井 43""福云 5 号""福云 6 号""四川小叶种"等引进品种。但用这些外来品种茶树的茶叶制作的碧螺春茶，无论是外形条索、色泽、香气还是滋味、汤色，都不具备洞庭山碧螺春

原产地茶叶外形条索纤细、卷曲成螺、茸毛遍体、银绿隐翠及内质汤色碧绿、清香高雅、入口爽甜的传统品质风格和特色，不利于维护洞庭山碧螺春的品质声誉。由于品种特性，本地正宗洞庭山群体小叶种碧螺春比其他茶树品种春茶的上市时间要晚一些，经常被外地碧螺春茶抢占市场先机，因此，如何从适制洞庭山碧螺春的洞庭山群体小叶种茶树中选育出生物学性状优异的茶无性系良种作为洞庭山碧螺春未来的主导茶树品种是亟待解决的关键问题之一。

（二）种质资源保护

洞庭山碧螺春野生茶树在很多名典古籍中均有记载，如清代朱琛在《洞庭东山物产考》中这样记载：

> 洞庭山之茶，最著名为碧螺春。树高二三尺至七八尺，四时不凋，二月发芽，叶如栀子，秋花如野蔷薇，清香可爱，实如枇杷核而小，三四粒一球。根一枝直下，不能移植，故人家婚礼用茶，取从一不二之义。

洞庭山至今尚有不少年代久远的野生古茶树，依旧年年萌芽、开花、结籽，可以焙制高档的嫩芽新茶，其因形美、色艳、香浓、味醇被誉为"茶中仙子"。近几年来，碧螺春古茶树产品引起国际国内市场的极大关注，价值一再攀升。但由于大多数茶农对古茶树的习性缺乏较深认识，管理无从下手，更谈不上科学养护，普遍存在管理粗放、只采不管的问题，致使古茶树的生长发育受到影响，树势退化严重，产量低下。甚至有些茶农因茶树种质资源保护意识淡薄，为了眼前的经济利益，对其进行掠夺式采摘，或人为砍伐古茶树生境附近树木，或在其周围建设新茶园或排放污染物，严重破坏了碧螺春古茶树的原生环境，碧螺春古茶树资源受到了严重破坏。早在2010年，江苏省苏州市吴中区金庭镇西山岛野生植物（茶）原生境保护点项目就对西山岛涵村坞的200亩野生茶树原生境进行了保护。这既是对洞庭山碧螺春野生茶树优良种质资源和洞庭山碧螺春纯正血统的保护，也是对苏州碧螺春茶产业和茶文化的保护，更是对全国碧螺春茶核心资源库和基因库的保护。

洞庭山碧螺春是国家原产地域保护产品，为了维护地产名茶的纯正品质，进一步提升洞庭山碧螺春野生茶树的独有特色，近年来苏州市吴中区积极引导股份合作规模化经营，东山镇、金庭镇分别组建了碧螺春茶专业合作联社和73个专业合作社，对于人工种植的茶树，实现了规模化生产、企业化管理；对于碧螺春野生茶树，洞庭东山、西山全面启动了碧螺春野生茶树种质资源保护和开发工程，建立了标准规范的洞庭山地方群体性茶树种质资源圃，极大地提升了洞庭山碧螺春野生茶树作为稀缺资源的保护力度。自2003年起至今，东山镇共收集碧螺春茶树优质种质资源150多个，在资源圃内种植的优良单株包括绿化系列、槎湾系列、上湾系列、尚锦系列、杨湾系列等，其中新品种"槎湾3号"通过了江苏省农作物品种审定委员会的鉴定。

四、成熟独特的种植技术

（一）培育壮苗

碧螺春茶树苗繁育方式通常包括茶籽直播和扦插育苗。茶籽直播是传统的有性良种繁育。茶籽播种时间以当年 11—12 月中旬为宜，也可于早春 2—3 月播种。播种前用清水浸泡茶籽 2~3 天，按标准挖播种小穴，双行种植的小行距为 40 cm，小穴距离为 30 cm；单行种植的小穴距离为 20 cm。每穴播籽 3~5 粒，覆盖土 3 cm。再铺上稻草、糠壳、枯梗等，以保持水土，防止干旱，提高出苗率。利用茶籽直播萌发的种苗其遗传性状混杂，品质不稳定，因此，目前生产上碧螺春茶树大多通过扦插无性繁育，这样有利于优良茶树形成品种规模。

短穗扦插繁育是利用茶树的再生能力，将母树枝条剪成短穗，扦插在适宜的苗床环境中，培育成新的植株。洞庭山茶农通常采用容器育苗，容器一般为营养钵或穴盘，用这种育苗方式得到的苗木植株健壮，根系发达，且移栽时根系不受伤害，定植后恢复快，成活率高。一个营养钵一般扦插 2~3 个短穗，穴盘则按 1 穴 1 个短穗的标准进行扦插。扦插时剪取木质化或半木质化的茶树枝条，剪成 3~4 厘米长的短穗，每穗带有 1 个腋芽和 1 片叶。短穗上下剪口要平滑，不能撕破茎皮，上端剪口斜面与叶向相同，剪口呈马蹄形，短穗上剪口距叶柄不小于 3 毫米，以免损伤腋芽。扦插前要浇透水，待土稍干基质湿而不粘手时进行扦插。短穗叶片稍翘起斜插入土，叶柄、腋芽出土面，叶片不贴土。扦插完成后，将营养钵或穴盘排放在苗床上，立即浇透水。

随着现代农业设施的普及应用，茶农可选择塑料大棚或温室作为育苗设施。将苗床整平，苗床宽约 1.2 米，长不超过 15 米，苗床间用排水沟隔开，在大棚或温室外覆盖一层遮阳网。苗期管理主要是对扦插苗生长期的光照、水肥、环境温度、基质湿度加以控制，一般基质含水量在 60%～70%，空气湿度在 80%，大棚或温室内气温在 25℃～35℃，同时要注意除草和病虫害防治。一般容器育的扦插苗 6 个月后即可出圃移栽。

（二）移栽定植

茶树苗移栽以春季 2 月上旬至 3 月中旬为宜。种植前一个月，将梯田外侧、内侧或果园周围土壤深翻并挖种植沟，深度和宽度各在 30 厘米以上。种植沟内应施入羊粪、菜饼或复合肥等，可按 1000 千克/667 平方米铺稻草，再覆盖一层土，然后施饼肥 200 千克/667 平方米，另外施复合肥 15 千克/667 平方米，分层施入种植沟，将肥料与土拌匀，覆土 10 厘米左右后再种植。一般采用单行或双行种植，单行条植大行距为 140～150 厘米，丛距为 33 厘米左右，每丛用苗 2～3 株，每 667 平方米用苗 3000～4000 株。双行条植大行距为 150 厘米，小行距为 30 厘米，丛距为 30～40 厘米，每丛用苗 2 株，两行茶苗按"品"字形种植，每 667 平方米用苗 3500～4500 株。

洞庭山茶农采用的营养钵育苗，大大提高了茶树苗移栽的成活率。

移栽时一般选择苗高在30厘米以上，植株健壮，具有1~2个分枝，根系发达，无病虫害的茶树苗进行定植。种植时，一丛茶树苗之间要留有一定的间隙。注意茶树苗根系舒展，逐步加土，层层踩实，使根系与土壤紧密结合。土壤疏松的砂质土可以用低沟栽植法，即将茶树苗栽在低于地面5~10厘米的畦面上，将茶树苗放入沟中后覆土。当天栽的苗，当天要浇足定根水，浇水后宜适当覆土。在茶树苗成活前，要根据天气及土壤含水情况，每隔5~7天浇水1次，直到茶树苗成活。茶树苗种植后难免有死亡缺株，应及时补栽。

（三）肥水管理

生产茶园一般在每年10月底至11月初深耕时开沟施基肥，用量为全年氮肥用量的30%~40%，另外还需追肥2~3次。第一次追肥是在春茶开采前30~45天，即2月中下旬至3月初，也称"催芽肥"，以氮肥为主，用量为全年氮肥用量的30%左右。第二次追肥是在春茶结束后或春梢生长停止时，即5月中下旬至6月初，以补充春茶消耗的大量养分，确保夏秋茶正常生产，持续高产优质，氮肥用量为全年氮肥用量的15%~20%。为了节省劳动，第三次追肥可在7月上旬结合中耕除草进行。

在茶树种植后的当年夏季要特别注意水分管理，抗旱保水。一般可在茶树栽植后用稻草、绿肥、地膜等材料进行覆盖保水。同时根据土壤含水量、树相及本地气候情况作出判断，适时灌溉。一般在田间持水量低于70%，茶树尚未出现缺水受害症状时即开始灌溉，可采用浇灌、沟灌、喷灌或滴灌。

茶园肥水管理尽可能采用有机茶园生产模式，茶园施入的肥料应符合《绿色食品　肥料使用准则》（NY/T 394—2021）的质量标准要求，水源必须未受工业污染或其他有害物质污染，符合国家行业标准《绿色食品　产地环境技术条件》（NY/T 391—2000）的规定。另外，洞庭山地处太湖中心地区，按照省、市、区关于高标准建设太湖生态岛的工作部署要求，自 2022 年起洞庭山区域全面开展有机肥替代化肥工作，利用生态平衡施肥方法，根据土壤肥力和茶树的营养需求科学施肥，以减少肥料淋失对太湖周围环境的污染，促进太湖地区绿色农业、生态农业发展。

（四）合理修剪

洞庭碧螺春主要采摘春茶，合理修剪可以保证来年春茶芽头的质量和产量，提高茶农的经济效益。首先要对幼龄茶树进行定型修剪，此外还要对衰老茶树进行改造后的树冠重塑。幼龄茶树定型修剪可以抑制茶树顶端生长优势，促进侧枝生长和腋芽萌发。幼龄茶树经过 3~4 次定型修剪后，可以培养骨干枝，增加分枝层次，形成壮、宽、密、茂的树型结构，扩大采摘面。

生产期的碧螺春茶园经过多次采摘后，树冠面会参差不齐，形成"鸡爪枝"。因此，4 月下旬春茶采摘结束之后，需要对碧螺春茶树进行修剪。一般采用水平平行修剪法，培养立体采摘面，树冠的高度一般控制在 70~80 厘米。幼年树采用轻修剪方式，修剪深度一般为 5~10 厘米，剪去树冠面上突出的枝叶；成年树采用深修剪方式，修剪深度一般为10~20厘米，以剪除"鸡爪枝"为原则；衰老树采用重修剪方式，即剪去离地40~50厘米的地上部树冠。台刈一般只针对严重衰败的碧螺春群体种茶园，需要剪去离地2~20厘米的地上部全部树冠。

（五）病虫草害防治

洞庭山的碧螺春茶园大部分处于太湖水源保护区，同时洞庭山碧螺春茶树大多栽植于果树经济林下，病虫害发生情况较为严重。2022年1月，国家发展改革委、生态环境部、水利部发布《关于推动建立太湖流域生态保护补偿机制的指导意见》，提出了到2030年太湖全流域生态保护补偿机制基本建成，太湖全流域水质稳定向好，山清水美的自然风貌生动再现，为全国流域水环境综合协同治理打造示范样板的目标。因此，在防治碧螺春茶树病虫草害的过程中，必须采用无公害管理技术，防止农业面源污染对太湖水资源的危害。碧螺春茶园病虫草害的控制首先应立足于预防，应用生态学的基本方法，营造生物多样性的茶园生态系统，充分发挥自然生态调控能力。通过采取检疫措施防止新的病虫侵入，科学利用栽培管理技术，适当中耕、合理施肥，合理密植、适时修剪，冬季清园翻耕松土，喷施石硫合剂，减少病虫越冬基数。采用综合预防措施，创造有利于茶树和害虫的天敌生长发育，不利于病虫害的发生、繁衍、流行的条件。

据调查，洞庭山碧螺春茶园的病害种类主要有茶炭疽病、茶轮斑病、茶云纹叶枯病、茶白星病、茶饼病、茶藻斑病等，常见的害虫种类有茶小绿叶蝉、大青叶蝉、茶蚜、黑刺粉虱、柑橘粉虱、红蜡蚧、椰圆盾蚧等，其中假眼小绿叶蝉和黑刺粉虱是茶园的主要害虫。当茶园中发生某些较为严重的病虫害时，必须采取必要的防治措施。首选物理和生物防治的方法，如人工捕杀法、灯光诱杀法、嗜色诱杀法、防虫网覆盖、繁殖释放天敌（如茶园害虫的天敌茶尺蠖）等。也可以适当利用无公害农药控制病虫害，常用的无公害农药有植物源的鱼藤酮、楝素、烟碱，微生物源的多氧霉素、苏云金杆菌、茶毛虫 NPV 病毒制剂，矿物源的硫酸铜、波尔多液、石硫合剂等。所有对症施用农药都必须符合高效低毒的安全要求，在茶园生产期不使用农药，以维持茶园生态平衡，保证碧螺春茶叶的绿色有机品质。

碧螺春茶园的杂草防除要抓住 6—7 月梅雨季节和 8—9 月初秋两个时段进行。6—7 月梅雨季节温度适宜、水分充足，杂草发生量大，如不及时清除，杂草与茶树苗争肥争水，甚至会将茶树苗覆盖，严重影响茶树苗的生长。特别是新种茶园土质松软、肥料充足、茶树苗小、地表裸露面积大，更加容易滋生杂草。清除茶园杂草以人工锄草为主，8—9月在杂草结籽成熟前进行清除，可以有效减少来年杂草的数量。此外，还可以通过铺草覆盖、铺防草布等方法控制行间杂草的生长。茶园覆盖地布可选使用年限较长的 PE80、PE90 或 PP85 材质的地布，春季新植茶园可在种植后立即覆盖地布，未封行茶园可在采茶后、修剪施肥完成后进行地布覆盖。茶树行间铺草覆盖，不仅可以抑制杂草生长，还能有效改善土壤的水、肥、气、热状况，减轻雨水冲刷以保持水土，提高茶

树抗寒、抗旱能力，促进茶树生长，提高茶叶产量和品质，不断满足当地人民群众对美好生活的需要。

五、持续发展的茶园建设

碧螺春茶树是多年生经济作物，一次种植多年收获，有效生产期可达45~50年，甚至更长。洞庭山碧螺春茶园主要分布在金庭镇的秉常村、包山坞、水月坞、涵村坞一带，以及东山镇的莫厘村、碧螺村（俞坞）、双湾村（槎湾）等村。近年来，苏州市把碧螺春茶叶作为城市的特色名片，纳入现代农业"四个百万亩"总体规划和"绿色苏州"生态建设、"文化苏州"茶文化传承的总体部署统筹推进，加快发展。苏州茶产业规模稳步扩大，质量不断提高，效益不断提升，小产业做出了大文章，"小芽头里飞出了金凤凰"，苏州茶产业具有的"高效、生态、休闲、文化"的综合功能不断凸显。2022年，苏州市吴中区全区茶园面积为3.33万亩（1亩≈666.67平方米），东山镇和金庭镇茶园开采面积分别约为1.41万亩和1.92万亩，茶叶总产量为334吨，总产值达3.04亿元，拥有约107家茶叶公司，茶农数约17458户。

随着苏州茶产业的发展，碧螺春茶园面积不断扩大，并对茶园建设提出了更高的要求。新茶园建设必须认真选择园地，做好规划，保证开垦质量，高标准打下茶园基础。新茶园一般选择在交通较为便利，生态条件良好，远离污染源，各类植被生长良好，土地层深厚，有较大可垦面积，具有可持续生产能力的缓坡区域。同时，对现有茶园要不断进行改造升级，引入现代农业物联网技术，充分应用区块链物联网设备如综合气象站传感器设备、虫情分析仪、孢子分析仪等，采集虫情、病情、灾情、土壤墒情数据，实时上传至和数区块链平台进行数据分析处理，建立碧螺春生长过程、农事采摘过程溯源体系。建设集数据采集、存储、处理、汇总、分析、挖掘、展示于一体的基于物联网和区块链的智慧茶园综合管理系统与示范基地，对提升碧螺春茶叶品质、提升种植管理水平，建立碧螺春产业链信用体系具有重要意义。

第三章

洞庭山碧螺春的采制工艺

采制工艺决定了洞庭山碧螺春的品质。自 20 世纪 90 年代中期起，苏州市吴中区（吴县、吴县市）就着手洞庭山碧螺春茶采制技术标准的建设。由苏州市农业局和质量技术监督局牵头，组织成立碧螺春标准化技术工作小组，开展《洞庭山碧螺春茶采制技术》标准的制定。2000 年 4 月，形成标准草案征求意见稿；2000 年 5 月，《洞庭山碧螺春茶采制技术》（DB32/T 397—2000）通过江苏省质量技术监督局的审定。之后，根据 GB/T 1.1—2009《标准化工作导则第 1 部分：标准的结构和编写》规定，又作了部分修改。2010 年 6 月，《洞庭山碧螺春茶采制技术》（DB32/T 397—2010）正式颁布实施。

《洞庭山碧螺春茶采制技术》（DB32/T 397—2010）对碧螺春茶鲜叶的采摘时间、采摘标准、拣剔要求，碧螺春的炒制工序、炒制要求，以及碧螺春成茶等级标准分别作出了规定，使碧螺春茶采制的技术要求变得有章可循。本章根据江苏省地方标准《洞庭山碧螺春茶采制技术》（DB32/T 397—

2010），结合茶农的碧螺春茶采制实践，围绕洞庭山碧螺春茶的采摘、炒制及贮存（《洞庭山碧螺春茶采制技术》涉及包装、贮藏等内容）等三个方面，详细介绍洞庭山碧螺春茶的采制工艺，并融入现代机械加工碧螺春茶的操作规程。

一、洞庭山碧螺春茶叶的采摘

（一）采摘时间

洞庭山碧螺春茶叶的采摘时间为春分前后至谷雨，通常是在 3 月春分左右的时候开始采摘，最晚是在谷雨的时候采摘，采摘时间差不多要持续 1 个月。春分到清明这个时间段采摘的碧螺春茶叶是最好的，因为经过一个冬天的休养生息，清明前茶叶又能够得到充足的阳光，土壤和气候条件的影响也会让它更加饱满和脆嫩。（图 3-1）

（二）采摘标准

通常采 1 芽 1 叶初展，芽长 1.6～2.0 厘米的原料，因叶形卷如雀舌，故称"雀舌"。炒制 500 克特级碧螺春需要采摘 6.8 万颗左右的芽头，历史上曾有

图 3-1　采摘

500 克干茶用 9 万颗左右芽头的纪录，可见碧螺春茶叶之幼嫩，采摘功夫之深也可想而知。细嫩的芽叶含有丰富的氨基酸和茶多酚。优越的环境条件，优质的鲜叶原料，为洞庭山碧螺春品质的形成提供了物质基础。

茶农一般清晨上山采茶，至 11 时左右结束。采摘时用拇指和食指夹住新梢，手心、食指稍微用力将新梢从采摘部位折断。不能掐采（会使茶梗变红）。采摘要求：雨水叶不采，病虫叶不采，冻伤芽叶不采，紫色芽叶不采。洞庭山茶农用特制小竹篮（当地称为"钩篮"）盛装茶叶。一名熟练的采茶妇女半天也只能采茶青 500 克左右。

（三）采制特点

一是摘得早，二是采得嫩，三是拣得净。

完成采摘后将鲜叶放在室内洁净的竹筐内，薄摊（厚度在 2 厘米左右，不能用布袋和塑料袋盛放），不能紧压。室内要保持空气凉爽和通风。茶农对鲜叶进行拣剔（图 3-2），把鲜叶摊在桌上，通过人工将芽叶逐一过堂，拣剔去鱼叶、鳞片、老叶、嫩茶籽、空心芽、紫色芽、"抢标"（秋冬天气尚暖时，提早萌发的越冬

图 3-2　鲜叶拣剔

芽）和其他杂质，要求芽叶的长短、大小、嫩度必须一致。对鲜叶原料的要求：高档碧螺春茶以 1 芽 1 叶初展为主，要芽长于叶，芽叶长 1.5~2 厘米；中档碧螺春茶以 1 芽 1 叶为主，芽叶长 2~3 厘米；低档碧螺春茶以 1 芽 2 叶为主，芽叶长 3 厘米左右。碧螺春茶的拣剔比较费工时，一般从鲜叶下山到拣剔成净坯需要 4~5 小时，这也可视为摊晾鲜叶让茶叶轻萎凋的过程，有利于茶的香气形成。鲜叶不能隔夜，黄昏至夜晚是当地茶农炒制碧螺春的时间。

二、洞庭山碧螺春的炒制

（一）手工炒制

洞庭山碧螺春的炒制，包括高温杀青、热揉成形、搓团显毫、文火干燥等 4 个工序。炒制特点是手不离茶，茶不离锅，揉中带炒，炒中带揉，连续操作，起锅即成，全过程时长在 31~40 分钟。

1. 高温杀青（图 3-3）

（1）投叶量

400~600 克。

（2）锅温

300℃左右投叶（测温点为距离锅底正中心上方 40 厘米）。

图 3-3　高温杀青

（3）时间

用双手翻抖 4~5 分钟。

（4）程度

略失光泽，手感柔软，稍有黏性，始发清香，失重约二成。

（5）手法

双手或单手反复旋转抖炒，动作轻快。

（6）要点

先抛后闷，抛闷结合，杀透、杀匀，青叶于锅心发白时投入，先抛以散发水分，挥发青臭气，使茶叶清香。后闷以加速抑制酶素，使汤色清，叶底匀。抛得过长则不利于杀透，易产生红茎。只闷不抛，则有黄熟味。闷、抛结合，后期以闷为主，则清香持久，叶底柔匀，色泽嫩绿。

2. 热揉成形（图 3-4）

（1）锅温

120℃左右。

（2）时间

10~12 分钟。

（3）程度

揉叶成条，不粘手而叶质尚软，失重约五成半。

（4）手法

双手或单手按住杀青叶，沿锅壁顺着一个方向盘旋，使叶在手掌和锅壁间进行公转与自转，边揉叶边使叶从手掌边散落，不使揉叶成团，开始时旋三四转即抖散一次，以后逐渐增加旋转次数，减少抖散次数，基本形成卷曲紧结的条索。

图 3-4　热揉成型

（5）要点

① 加温热揉，边揉边抖。炒制碧螺春茶必须保持小火，加温热揉。热揉时，因叶质柔软，果胶质黏性较大，易揉紧成条，缺点是容易闷黄，产生闷热气，故须边揉边解块，以散发叶内水分。

② 先轻后重，用力均匀。先轻揉 4~5 分钟，如果开始时用力太大，茶汁会粘在锅壁上，结成锅巴，影响品质，妨碍操作，又易使芽尖断碎；之后要重揉 6~8 分钟，否则条索松，茸毛不显露。

③ 揉后洗锅。揉捻时会有茶汁流出，粘着锅壁，形成锅垢，故须将揉叶起锅，洗掉茶垢，以免产生焦火气。

3. 搓团显毫（图 3-5，图 3-6）

（1）锅温

80℃左右。

（2）时间

6~8 分钟。

图 3-5　搓团显毫之一

（3）程度

茸毛显露，条索卷曲，失重七成。

（4）手法

一臂撑着锅台，将揉叶置于两手掌中搓团，顺着一个方向搓，每搓 4~5 转解块一下，要轮番清底，边搓团、边解块、边干燥。

（5）要点

① 锅温要"低—高—低"。搓团初期火温要低，如果温度过高则水分散失多，干燥快，条索松；中期茸毛初显时要提高温度，促使茸毛充分显露；后期要降温，否则毫毛被烧，色泽泛黄。

② 用力要"轻—重—轻"。开始时叶的水分尚多，用力过大易黏结成团块，故须轻搓；中期在茶叶韧性大时需要用力搓，以促使毫毛显露；后期随着茶叶水分的减少，果胶质变性，可塑性降低，如果用力过大，则揉叶易断碎

图 3-6　搓团显毫之二

脱毫。

4. 文火干燥（图 3-7，图 3-8）

（1）锅温

60℃左右。

（2）时间

6~8 分钟。

（3）程度

茶叶有戳手感觉，应使茶叶含水量≤7.5%。

（4）手法

将搓团后的茶叶用手微微翻动或轻团几次，到有戳手感时，即将茶叶均匀摊于洁净纸上，放在锅内再烘一下，即可起锅。

图 3-7　文火干燥之一

图 3-8　文火干燥之二

（二）机械加工炒制

碧螺春的品质风格特征：条索纤细，卷曲成螺，茸毛披覆，银绿隐翠，清香文雅，甘醇鲜爽，汤色嫩绿清澈，叶底柔嫩均匀。使用机械加工碧螺春，在工艺方面同样要满足这些要求，其操作规程如下。

1. 采摘

鲜叶以中小叶种茶树为佳，一般从清明开始采摘，至谷雨前后采摘结束。要求采摘以 1 芽 1 叶为主和少量的 1 芽 2 叶初展肥壮的鲜叶，不采鱼叶、老叶、紫芽叶、雨水叶、病虫害叶等。

2. 摊青

采回的鲜叶要及时摊放在阴凉通风处，时间为 4~6 小时，摊放厚度为 3 厘米，其间翻动 1~2 次。

3. 杀青

（1）选用机械

6CSM-30/40 型名茶杀青机或 6CST-65 型茶叶滚筒杀青机。

（2）操作方法

杀青前先点燃炉子，同时开动机器使其运转，待入口温度达到 140℃、出口温度达到 120℃时，开始投叶，投叶时要先多后匀，防止焦叶。杀青时温度力求稳定，要求杀透杀匀，清香显露，手握柔软，有三分之一左右茶叶的叶缘略卷，手握有戳手感。

（3）摊凉

在杀青机出口处用鼓风机把杀青叶吹散，让杀青叶快速散热，带走水蒸气，防止杀青叶变黄和产生水闷气。因此，杀青叶的快速冷却是保证洞庭山碧螺春质量的重要步骤。

4. 第一次揉捻

（1）选用机械

6CKM-25/35 型名茶揉捻机。

（2）操作方法

根据杀青叶的量选择机械，一般放满一筒杀青叶，空揉 10 分钟，条索形成即可下机。

5. 初烘

（1）选用机械

6CH-94 I 型碧螺春烘干机。

（2）操作方法

机温达 90℃～100℃时投叶，将揉捻叶铺开，边烘边翻，使其散发水分，一般不要搓团，叶子比较爽手，约六成干时即可下机摊凉。

6. 第二次揉捻

（1）选用机械

6CKM-25/35 型名茶揉捻机。

（2）操作方法

装满一筒第一次烘干摊凉回软叶，一般空揉 2 分钟，待揉筒内叶条全部翻动即可加中压 3 分钟，然后空压 3 分钟，再加重压 3 分钟，达到条索紧细，茸毫显露，不断碎。一般不松压立即下机，这样有利于茶叶外形卷曲。

7. 烘干搓毫

（1）选用机械

6C-94 I 型碧螺春烘干机。

（2）操作方法

当机温达到80℃时投叶铺开，可用手轻轻搓团，直至茶叶卷曲成螺，茸毫显露，达八成干时停止搓团。此时，温度控制在70℃，茶叶继续在烘干机上烘，至含水量达6%左右时下机摊凉。搓团时用力要均匀，先轻后重再轻。搓团后期一定要轻，以免芽叶断碎，茸毫脱落。搓团烘干用时15分钟左右。

上述操作工艺流（规）程仅供参考，在具体加工中应根据鲜叶的老嫩、环境温湿度及机械等情况，调整不同工序的温度、时间等参数。在机械选用上，也要随着更适于制作碧螺春茶机械的试制成功进行相应的调整。

三、洞庭山碧螺春的贮存

洞庭山碧螺春贮存的核心要素为干燥、避光、防潮、防异味。首先将洞庭山碧螺春装入茶叶专用铝箔袋密封，再在外层套一个塑料袋封好口，然后将茶叶装入圆形或矩形马口铁罐内，盖上盖子，最后放入冰箱冷藏保存即可。

（一）保存时间

一般为 18 个月。

（二）保存要求

（1）茶叶盛器一定要干净无异味，以防茶叶串味变质。因为茶叶特别容易惹诸味，茶叶一旦被异味混扰就不堪饮用，所以一切茶叶盛器都必须清爽无他味。

（2）茶叶盛器应密闭。盛器的密闭性能越好，就越容易保持茶叶的质量，容器内茶叶保存的时间也就相对越长。对于易走气的盛器，应在其盖或口内垫上 1~2 层干净纸密封，以防从入口处吸进潮气或异味。

（3）茶叶盛器应放在干燥处，以防受潮。茶叶中水分越多，茶叶的质量就越不易保持，所以茶叶不能受潮。有的茶叶盛器不一定完全密闭，放在干燥处，受潮的机会相对少些，于茶叶保存有利。

（4）茶叶盛器应放在避光处。光线直照会使茶叶的内在物质发生变化，若强光直接照射，这种变化会更明显。不要将用罐、筒、盒装的茶叶放在长期见光的桌子上或柜顶、窗台等处，以防光照影响茶叶质量。

（5）茶叶盛器应该避开高温。贮藏茶叶的环境温度不宜过高，以防茶叶"陈化"。温度每增高 10℃，茶叶的陈化速度可增加 4 倍。所以，在炎热的夏天，茶叶盛器应放在阴凉干燥处。

洞庭山碧螺春属于绿茶，绿茶为不发酵茶，茶叶的含水量较低，在空气中容易吸收水分和氧化，其保存方面的要求比其他茶类要高。在所

有茶叶中，洞庭山碧螺春的保质期也最短。如果保存不当的话，保质期会更短，茶叶会因为自身的发酵而变味、变质。在温度过高的情况下，碧螺春的外观色泽容易变成褐色，并且发酵。所以，最好的办法就是将碧螺春茶叶放进冰箱密封储存。假如茶叶在良好的防潮、隔氧、避光等条件下低温贮藏，一般可保鲜 10 个月。贮藏期在 6 个月之内的洞庭山碧螺春，其品质和口感是最佳的。

碧螺春过了保质期或者发酵变质就不能再泡饮了，因为变质后会产生多种对身体有害的霉菌，会导致腹泻等问题，而且口感也不再鲜爽，香气也不再浓郁。

（三）保存方法

碧螺春作为一种价格偏高的茶叶，味道丰厚馥郁，满满的皆是茶香。一般好品质的碧螺春茶叶的收藏价值是很高的，家里喝不完的洞庭山碧螺春可以用以下几种方法来储存。

1. 石灰保存法

生石灰可以吸收碧螺春茶叶周围环境中的水分，这样可以延长碧螺春茶叶的保质期。使用这种方法保存碧螺春时，可以找一个口小腰大、不会漏气的陶罐作为盛器。至于生石灰，一般的食品包装中都会有一小包干燥剂，干燥剂的主要成分就是生石灰，把这些干燥剂用棉布包着放在茶叶中就可以了。

2. 冰箱保存法

在把碧螺春茶叶放入冰箱之前，要先把茶叶放在干燥、无异味并且可以密封的盛器中，然后再行冷藏，冷藏柜内的温度应在5℃以下。如果茶叶打算在半年内泡饮完，冷藏柜的温度宜控制在0℃~5℃；如果想长时间保存，就把冷藏柜的温度调到-18℃~-10℃。用冰箱保存碧螺春茶叶时，应尽量将碧螺春茶叶与其他食物分开存放。

3. 塑料袋保存法

可以选用密度高、高压、厚实、强度好、无异味的食品包装袋保存碧螺春茶叶。用较柔软的洁净纸包好碧螺春茶叶，然后置于食品袋内，封口即成。

4. 热水瓶保存法

可用因保温不佳而废弃的热水瓶，内充干燥的碧螺春，盖好瓶塞，用蜡封口。

第四章

洞庭山碧螺春的冲泡与品鉴

有道是：人逢知己千杯少，品茶品味品人生。作为饮品的洞庭山碧螺春，是通过冲泡、品鉴释放其功能，实现其价值的。而洞庭山碧螺春独一无二的冲泡技法和鉴赏功能也是碧螺春茶文化的有机组成部分。

一、洞庭山碧螺春的茶性

国家标准《地理标志产品　洞庭（山）碧螺春茶》（GB/T 18597—2008）指出：洞庭山碧螺春是"采自传统茶树品种或选用适宜的良种进行繁育、栽培的茶树的幼嫩芽叶，经独特的工艺加工而成"，以"纤细多毫，卷曲呈螺，嫩香持久，滋味鲜醇，回味甘甜"为主要品质特征的绿茶。洞庭山碧螺春按产品质量分为特级一等、特级二等、一级、二级、三级等5个等级。

洞庭山碧螺春属绿茶类，有"一嫩（芽叶）三鲜（色、香、味）"之称；碧螺春绿茶属不发酵茶，富含维生素C

和氨基酸，呈现出鲜爽清香、色泽翠绿的特点。洞庭山碧螺春茶果间作，香气浓郁。据有关部门检测分析，洞庭山碧螺春茶叶的香气成分共有 300 多种，主要由醛类、醇类、酯类等类物质构成。

不同的茶叶品种决定了不同的冲泡技法。洞庭山碧螺春茶果间作独有的香气和独特的炒制工艺形成的卷曲如螺、纤细多毫的茶叶形态，决定了洞庭山碧螺春冲泡方法的与众不同。就茶叶冲泡而言，应充分展现茶叶的品性特点，而碧螺春的冲泡就是要充分展现它的色、香、味、形。

二、洞庭山碧螺春的冲泡

冲泡洞庭山碧螺春时，水温、茶与水的比例、浸泡时间、茶具选择等都必须把握得当。一般茶与水的比例以 1：50 为宜，这个比例最能反映茶汤的品质：水过之则太淡，茶过之则苦涩。绿茶类因原料以嫩叶或茶芽为多，所以不宜用温度太高的水来冲泡，泡茶水温以 70℃～90℃ 为宜。当然，具体还要视茶叶的等级程度而定，如：特一级为全芽，嫩度高，水温宜在 70℃，且宜用上投法冲泡，即先加水后加茶；三级以叶片为主，可能还略带茶梗，水温宜在 90℃。此外，亦忌长时间浸泡，否则苦涩味重。若冲法得宜，则茶汤碧绿，茶味清香，味鲜清甜。

明代张源所著《茶录》一书在谈及投茶时这样说道：

投茶有序，无失其宜。先茶后汤曰"下投"。汤半下茶，复以汤满，曰"中投"。先汤后茶曰"上投"。春秋中投，夏上投，冬下投。

意思是在冲泡绿茶的时候，投茶是有顺序的，即所谓的下投、中投、上投。洞庭山碧螺春由于芽叶鲜嫩，条索纤细，卷曲成螺，满身披毫，宜采用上投法。冲泡时先温杯，再将杯中注水七分满，然后将干茶投入杯中，待茶慢慢下沉，轻轻摇晃后即可饮用。

自古以来，比较讲究品茶艺术的人注重品茶韵味，崇尚高雅意境，强调"壶添品茗情趣，茶增壶艺价值"，认为好茶、好壶犹似红花绿叶，相映生辉。下面介绍几种使用不同茶具的洞庭山碧螺春冲泡方式。

（一）玻璃杯冲泡法

泡饮之前，先欣赏洞庭山碧螺春的色、香、形。取一杯之量的茶叶，置于无异味的洁白纸上，观看茶叶形态，察看茶叶色泽，充分领略茶叶的天然风韵，此为"赏茶"。然后进入冲泡阶段。采用透明玻璃杯泡饮细嫩的洞庭山碧螺春，便于观察茶叶在水中缓慢舒展、游动、变幻的过程，人们称其为"绿茶舞"。

1. 备器

玻璃杯、"茶道六君子"、水盂、茶叶罐、茶则、赏茶盘、茶巾、烧水壶。

2. 温杯

用开水将茶杯烫洗一遍，以提高杯温，这在冬天尤显重要，有利于茶叶冲泡。

3. 凉汤 （图 4-1）

将沸水注入玻璃杯至七分满，等待水温降至适泡温度。

4. 赏茶 （图 4-2）

倾斜旋转茶叶罐，将茶叶倒入茶则。用茶匙把茶则中的茶叶拨入赏茶盘，欣赏干茶的成色、嫩度、匀度，嗅闻干茶的香气。

图 4-1　凉汤

图 4-2　赏茶

5. 置茶 （图 4-3）

冲泡茶杯的容量一般为 150 毫升，用茶量在 3 克左右。用茶匙将茶叶从赏茶盘或茶则中均匀拨入各个茶杯。

6. 观茶 （图 4-4）

在冲泡茶的过程中，品饮者可以看洞庭山碧螺春的展姿、茶汤的变化、茶烟的弥散，以及最终茶与汤的呈现，以领略洞庭山碧螺春的天然风姿。

图 4-3　置茶

图 4-4　观茶

7. 奉茶

冲泡后尽快将茶递给客人。茶叶浸泡在水中过久，容易失去应有风味。

8. 品饮

饮茶前，一般多以闻香为先导，再品茶啜味，以品赏茶之味。饮一小口，让洞庭山碧螺春的茶汤在口内回荡，与味蕾充分接触，然后徐徐咽下，并用舌尖抵住齿根，同时吸气，回味茶的甘甜。洞庭山碧螺春的冲泡一般以 2~3 次为宜，之后若需再饮，必须重新冲泡。

(二) 碗冲泡法

碗冲泡法，其前身为大唐点茶法，兴盛于宋代。用茶碗泡茶，优点是散热快，不易闷熟或闷馊茶叶。所以，碗泡也特别适合绿茶。现在苏州地区的碧螺春尚有用大碗泡茶的习俗，为古代碗泡之遗留风尚。碗泡的另一个特点是极具视觉之美。茶叶在热水中慢慢舒展的样子，使碗泡更具观赏性。而且茶叶在开放的碗中比在盖碗或者紫砂壶中能更好地展开，由此形成的茶汤会显得更加柔顺自然。

1. 备具

可以是玻璃碗、瓷碗、陶碗，或大口的建盏，甚至铜、铁等金属的碗形器等皆可，外加一个汤匙，合适数量的品杯、公杯（大多数情况下可省略）。汤匙、公杯、品杯，在一个人独饮时亦可省略。用碗泡好茶后，捧着大碗，作牛饮状，亦未尝不可。而如果有汤匙分茶，可直接分汤入品杯，公杯亦可省略。

2. 温杯洁具

用沸水烫洗碗、汤匙、品杯等，保持器具干净。

3. 凉汤

在碗中加入热水至七分满，等待水温降至适泡温度。

4. 投茶

用上投法。水温合适后，再投茶。

5. 分汤

待茶色起，是一人独酌品饮，还是多人借汤匙分杯品饮，抑或是用

图4-5 品饮

汤匙舀茶汤入公杯以使茶汤均匀无分别心，那就要看具体的品茶场合了。

6. 品饮（图4-5）

闻香品茶。

（三）盖碗冲泡法

盖碗是最常用的泡茶工具，它最大的优点是适合冲泡任何种类的茶，因此在茶界素有"万能茶具"之称。洞庭山碧螺春也有用盖碗冲泡的，但不常见。

1. 备具（图4-6）

盖碗、品茗杯、茶匙、赏茶盘、茶巾、水盂、茶滤、烧水壶。

2. 温杯洁具（图4-7）

提高茶具温度。

图4-6 备具

图4-7 温杯洁具

3. 凉汤（图4-8）

泡茶水温凉至 75℃。

图4-8　凉汤

4. 投茶（图4-9）

用盖碗冲泡洞庭山碧螺春，建议茶水比为 1：30。

图4-9　投茶

5. 分茶出汤（图 4-10）

图 4-10 分茶出汤

6. 奉茶

7. 品饮

（四）茶壶冲泡法

冲泡特级以下的洞庭山碧螺春可以用大壶冲泡法，这类茶叶中多纤维素，耐冲泡，茶味也浓。泡茶时，先洗净壶具，取绿茶入壶，用100℃初开沸水冲泡至满，3~5分钟后即可斟入杯中品饮。饮茶人多时，用壶泡法较好，因众多人饮茶不在欣赏茶趣，而在解渴，或饮茶谈心，或佐食点心，畅叙茶谊。

（五）飘逸杯冲泡法

等级不高的洞庭山碧螺春亦可用飘逸杯冲泡，既方便实用，又茶汤分离。飘逸杯既可当泡茶器，又可当品饮杯。冲泡时飘逸杯的上层空间放茶叶，注水泡茶；下层空间容纳茶汤。

1. 润杯

用热水快速润一下飘逸杯。

2. 投茶

投 3~4 克茶叶。

3. 冲泡

冲入适宜温度的水。

4. 出汤

注水后稍待 10~30 秒，按压沥汤按钮，茶汤自然流入飘逸杯的下层空间。

5. 品饮或分汤

取下飘逸杯上层泡茶格。一人时可以直接用此飘逸杯品茶，多人时用飘逸杯充当公道杯分汤品饮。

6. 续水

把上层泡茶格放在飘逸杯上，再注水出汤，如此可以多次循环冲泡。

（六）冷泡法

先用冷水把洞庭山碧螺春润洗一下，然后装入瓶中加水拧上盖，一般提前两三个小时泡上，渴时开盖即饮。

1. 准备清单

水瓶或玻璃罐，3 克茶叶、300 毫升水配比。

2. 注意事项

用冷水先将茶叶润洗一次，以更好地出味。

3. 冷藏时间

冷藏 3 小时左右，滋味最鲜爽。

4. 风味说明

洞庭山碧螺春冷泡后滋味鲜爽。

5. 操作禁忌

投茶后不可摇晃盛器，应使其保持静止，否则茶的涩味会加重，得不偿失。

三、洞庭山碧螺春的品鉴

"碧螺飞翠太湖美，新雨吟香云水闲。"喝一杯洞庭山碧螺春茶，恍如欣赏传说中的江南美女。

洞庭山碧螺春的品鉴主要包括以下四个方面：一是洞庭山碧螺春的品级鉴别与鉴赏；二是洞庭山碧螺春的真伪及新茶与陈茶的鉴别甄选；三是对于洞庭山碧螺春冲泡技法的欣赏；四是品饮洞庭山碧螺春的感悟。前两者侧重于实物性、实用性，后两者侧重于精神性，表现为品鉴主体在欣赏过程中的精神活动。这里我们从人们的日常需求出发，着重介绍真假洞庭山碧螺春的鉴别知识和新茶与陈茶的鉴别知识，其中亦蕴含着诸多鉴赏知识。

（一）真假洞庭山碧螺春的鉴别

洞庭山碧螺春是中国历史名茶，同时也是中国十大名茶之一，受到很多茶友的喜爱与好评。当一种产品热卖之后，市场上往往就会有不法商人以假乱真、以次充好。如何鉴别真假洞庭山碧螺春？

1. 观察茶叶的外形

洞庭山碧螺春的干茶叶比较纤细，有点卷曲，看起来有点呈螺的形状，满身披毫，茶叶的颜色银绿隐翠，茶叶芽比较幼嫩、完整，没有叶柄，也没有"裤子脚"。

2. 体验茶叶的内质

抓一把茶叶闻闻，真的洞庭山碧螺春会有浓烈的芳香，闻起来像是花果香味。冲泡之后，轻轻地啜一口，真的洞庭山碧螺春滋味鲜醇，回味甘厚。

3. 观察干茶叶的颜色

真的洞庭山碧螺春茶叶没有加过色素，颜色比较柔和、鲜艳。加过色素的假的洞庭山碧螺春茶叶，看上去会比较黑、绿、青或者暗。

4. 观察湿茶叶的颜色

真的洞庭山碧螺春冲泡之后，我们会发现，茶叶看上去比较柔亮、鲜艳，如果是加过色素的假的洞庭山碧螺春茶叶，看上去则比较黄暗，就像陈茶的颜色一样。

5. 观察茶叶的茸毛

正常的洞庭山碧螺春茶叶上有白色的小茸毛，如果是着过色的假的洞庭山碧螺春茶叶，它的茸毛不是白色的，而是绿色的。从这一点也可以识别其真假、好坏。

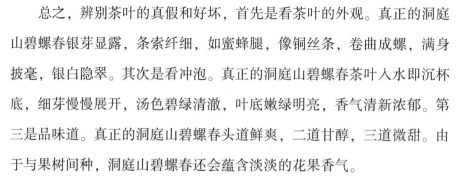

　　总之，辨别茶叶的真假和好坏，首先是看茶叶的外观。真正的洞庭山碧螺春银芽显露，条索纤细，如蜜蜂腿，像铜丝条，卷曲成螺，满身披毫，银白隐翠。其次是看冲泡。真正的洞庭山碧螺春茶叶入水即沉杯底，细芽慢慢展开，汤色碧绿清澈，叶底嫩绿明亮，香气清新浓郁。第三是品味道。真正的洞庭山碧螺春头道鲜爽，二道甘醇，三道微甜。由于与果树间种，洞庭山碧螺春还会蕴含淡淡的花果香气。

　　（二）洞庭山碧螺春新茶与陈茶的鉴别

　　鉴别洞庭山碧螺春新茶与陈茶，首先是闻香气。新茶给人以清香的感觉。一年以上的陈茶，不管是红茶、绿茶，还是花茶，保管得再好，也难免有香沉味晦之感。洞庭山碧螺春香气的成分共有300多种，主要由醛类、醇类、酯类等类物质构成。这几类物质的特点是，既能不断挥发，又能缓慢氧化成其他化合物。所以，随着贮存时间的推移，茶叶的香气自然由新茶时的清香而变得淡浊了。其次是看色泽。茶叶在贮藏过程中会自动氧化。随着叶绿素的分解、氧化，洞庭山碧螺春茶叶的色泽由新茶时的青翠碧绿变得枯灰无光；而茶褐素的增多，还会使茶汤黄褐不清。第三是尝滋味。洞庭山碧螺春新茶醇厚鲜爽，而陈茶则淡而不爽。这是因为在贮存过程中，茶叶中的酯类化合物及氨基酸、维生素等，有的分解挥发了，有的分解成了不溶于水的物质，茶叶中可溶于水的有效成分随之减少，茶汤自然就变得淡薄了。

第五章

洞庭山碧螺春茶文化及其传播

茶起源于中国，盛行于世界。从古至今，通过古丝绸之路、茶马古道，茶叶已成为中国人民与世界人民相知相交，中华文明与世界其他文明交流互鉴的重要媒介，成为人类文明共同的财富。2022 年 11 月，"中国传统制茶技艺及其相关习俗"被联合国教科文组织列入人类非物质文化遗产代表作名录，再度表明了中国茶叶在人类文明史上的地位和影响力。

古往今来，中国茶叶之所以能够源源不断地走向世界，除了产品流通因素之外，离不开茶文化的传播。而从广义上讲，产品流通也是一种传播。中国茶叶的流通史，其实就是中华茶文化的传播史。

"碧螺春制作技艺"作为"中国传统制茶技艺及其相关习俗"的重要组成部分被列入人类非物质文化遗产代表作名录，彰显了洞庭山碧螺春的独特品质，必将对洞庭山碧螺春的市场流通与文化传播产生广泛而深刻的影响。

一、洞庭山碧螺春茶文化的内涵

洞庭山碧螺春茶文化是源远流长的中华茶文化的重要组成部分，其内涵极其丰富。分析探究洞庭山碧螺春茶文化，剖析揭示洞庭山碧螺春茶文化的内涵，对挖掘整合洞庭山碧螺春茶文化的价值、弘扬传承中华优秀传统文化有着十分积极的意义。

（一）中国茶文化的历史渊源

研究、探析和阐述茶文化及其传播，首先必须深入探究和了解茶文化及其内涵。

茶文化以茶为载体，但种茶、饮茶不等于茶文化，此二者仅是茶文化形成的物质条件或前提条件。茶文化是在人类社会生活实践中形成的，是茶与文化的有机融合，是在饮茶过程中形成的文化特征，具体包括茶具、茶艺、茶道、茶德、茶精神、茶故事、茶诗、茶画、茶联、茶书、茶谱、茶学等方面。

茶文化是中国传统文化中具有代表性的文化。中国是茶的故乡，也是茶文化的发源地。据相关史料记载，中国茶的发现和利用已有4700多年的历史。如今，茶已成为中华民族的举国之饮，蕴含着极为丰富的文化内涵。茶文化内涵的本质在于其社会性、人文性和精神性，即通过饮茶活动上升到人的精神道德层面，积淀为一种文化。在漫长的中华民族发展史上，茶文化有着特殊的位置。唐朝茶业昌盛，茶叶成为"人家不可一日无"的生活品,出现了茶馆、茶宴、茶会等,提倡客来敬茶礼仪。唐代茶圣陆羽所著《茶经》系统总结了唐代及唐以前茶叶生产、饮用的经验,提出了"精行俭德"的茶道精神。陆羽和皎然等一批文化人十分重视茶的精神享受和道德规范,讲究饮茶器具、煮茶艺术和品茶氛围,并与儒、道、佛哲学思想交融,渗入人的精神领域,如茶与禅、茶与俭、茶与礼、茶与修行等,从而奠定了中华民族茶文化的基础。不少士大夫和文人雅士在饮茶活动中创作了诸多茶诗,仅《全唐诗》中流传至今的就有百余位诗人的 400 余首茶诗。宋朝饮茶之风更盛,茶坊、茶肆迅猛发展,斗茶、赐茶活动盛行。茶香入词,使宋人笔下的诗词别具一格,茶文化几乎成了宋词的底色。宋代茶文化兴盛的另一个突出标志是,出现了一批茶学著作,如蔡襄的《茶录》、宋子安的《东溪试茶录》、黄儒的《品茶要录》、宋徽宗赵佶的《大观茶论》等。这些茶学著作奠定了中国茶学的基石,使茶学成为一门专门学问。宋元之际,刘松年的《撵茶图》《围炉博古图》、钱选的《卢仝烹茶图》、赵孟頫的《斗茶图》、赵原的《陆羽烹茶图》(以茶圣陆羽隐居苕溪为题材)等,无不是以山水画的形式传达中国茶文化的艺术珍品。由此可见,茶文化其实就是中国文化的一种具体表现。

值得一说的是,茶文化的精神内涵与中国的礼仪文化高度契合。在沏茶、赏茶、闻茶、饮茶、品茶等社会活动中形成的茶道、茶德,与传统的礼仪文化相融合,形成了一种具有鲜明中国文化特征的文化现象,即礼节现象。中国素有"礼仪之邦"之称,在长期的历史发展中,礼

作为中国社会的道德规范和生活准则，对中华民族精神素质的修养起到了重要作用。而茶的饮用与分享，则成为人们沟通交流的重要方式。以茶待客、长者为先等与茶相关的礼俗，凸显了中国人谦、和、礼、敬的精神特征，滋养了中国人的精神境界和道德修养。茶文化的精神内涵，体现了中华民族文化的丰富性、多样性，同时传达着"茶和天下""包容并蓄"的社会理念。

（二）洞庭山碧螺春茶文化的表现形态

与全国各地的茶文化一样，洞庭山碧螺春茶文化的内涵极为丰富，并展现出鲜明的地域特色，是吴文化的一种呈现。洞庭山碧螺春茶文化的表现形态主要有以下四个方面。

1. 洞庭山碧螺春茶名

洞庭山碧螺春茶文化的形成与表现形态首先通过其命名及传说掌故得以体现。洞庭山碧螺春茶原名"洞庭茶"或"吓煞人香"，尤以"吓煞人香"为人所熟知。"洞庭茶"，以地域名命名，烙下了鲜明的地域文化印记。"吓煞人香"则以香味得名，意指茶香之浓郁。清《苏州府志》记载的采茶姑娘把茶叶揣入怀中散发幽香的故事，后来成了不少文人墨客的描摹对象。如清代诗人梁同书的《碧螺春》云："蛾眉十五采摘时，一抹酥胸蒸绿玉。"

从"吓煞人香"而至"碧螺春"，一般都认为"碧螺春"是康熙皇帝所赐。"碧螺春"之名，凸显了洞庭山碧螺春色、香、味、形的工艺品质与美感，是洞庭山碧螺春茶文化最直接、最直观的呈现，内涵甚为丰富。

2. 洞庭山碧螺春茶艺

洞庭山碧螺春茶文化，正是通过其制作技艺、冲泡技法逐渐得到展露，并不断被赋予人文特性的。这里的"茶艺"，包括制作技艺和冲泡技艺。碧螺春茶的制作由鲜叶拣剔、高温杀青、揉捻成形、搓团显毫、文火干燥等工序组成，所制茶叶条索纤细、卷曲成螺、茸毛遍体、银绿隐翠，对技术的要求很高，只要一个环节把握不好，茶叶质量就会受到影响。洞庭山碧螺春炒制的技术含量极高，一锅优质洞庭山碧螺春，是炒制者技能、匠心、悟性、专注与热忱等素质的综合体现。洞庭山碧螺春的制作孕育大师、呼唤大师，恐怕道理就在这里。洞庭山碧螺春的冲泡技艺十分独特，以70℃~90℃的水温，采用上投法冲泡即先加水后投茶，可令茶汤色碧绿、清香高雅、入口爽甜、回味无穷。若用100℃的沸水冲泡，汤色便骤然发生变化。与制作技艺同理，洞庭山碧螺春的冲泡技艺同样展示出了洞庭山碧螺春茶文化的特征，凝结了吴地人民对事物的认知与判断。

3. 洞庭山碧螺春茶俗

茶进入人们的生活后，必然会形成相关的礼俗或习俗，即茶俗，进而演变为一种民俗文化。在洞庭山一带，饮茶历来是人们生活不可或缺的一部分，当地百姓形成了喝早茶、午茶、夜茶的习惯，还有喝发茶、寿茶、迎亲茶、受茶、状元茶、神茶（吉利茶）、神仙茶（又名"逍遥茶"）、锅贴茶（养生茶）等习俗，并由生活中的饮茶进入人的精神世界和道德领域。比如，老一辈做寿，晚辈前往祝寿时要携带上好的茶叶送给长辈，谓之"寿茶"。在泡茶方面，讲究用山里的泉水冲泡，使之更具韵味，以获得更多的享受。与之相应，诞生了诸多具有吴地特色的茶具、茶桌、茶馆等茶活动载体和茶文化现象。洞庭山碧螺春茶俗，成为吴地民俗文化的一个重要组成部分。

4. 洞庭山碧螺春茶诗

品茗饮茶历来为文人墨客之所爱，用笔墨记录茶事、抒写雅兴亦为文人墨客之所长。唐宋以来，不少诗人与洞庭山（碧螺春）茶结下了不解之缘，留下了大量与茶相关的诗词。其中，流传甚广的有唐代皎然的《访陆处士羽》、皮日休的《茶中杂咏》、陆龟蒙的《奉和袭美茶具十咏》，宋代苏舜钦的《三访上庵》、李弥大的《无碍泉》，明末清初吴伟业的《如梦令·镇日莺愁燕懒》，清代梁同书的《碧螺春》、王元辰的《碧螺春歌》、朱文藻的《采茶歌》、陈康祺的《碧螺春》、李慈铭的《水调歌头三首》等。其中，刻在《水月禅寺中兴记》碑上苏舜钦的"无碍泉香夸绝品，小青茶熟占魁元"，吴伟业的《如梦令·镇日莺愁燕懒》"镇日莺愁燕懒，遍地落红谁管？睡起爇沉香，小饮碧螺春碗。帘卷，帘卷，一任柳丝风软"，李慈铭《水调歌头三首》（其三）中的"谁摘碧天色？点入小龙团。太湖万顷云水，渲染几经年。应是露华春晓，多少渔娘眉翠，滴向镜台边"，无不脍炙人口，常为人所吟诵和引用。近现代，关于碧螺春的诗文更是数不胜数，为人所熟知的有周瘦鹃诗《咏洞庭碧螺春三首》和散文《洞庭碧螺春》、田汉诗《碧螺春》、艾煊散文《碧螺峰下》、陆文夫散文《茶缘》、贯澈诗《咏碧螺春》等。

碧螺春得以经久不衰流传至今，茶学著作和史志笔记同样功不可没。较具影响的茶学著作有唐代陆羽的《茶经》，北宋朱长文的《吴郡图经续记》，明代罗廪的《茶解》、张源的《茶录》、许次纾的《茶疏》，清代陆廷灿的《续茶经》；史志笔记则有《苏州府志》《太湖备考》《清朝野史大观》《柳南随笔》等。这些茶学著作和史志笔记，对洞庭山碧螺春的产地、种植、制作、习俗和历史沿革等分别作了详细记载。

此外，文人墨客还常常用丹青笔墨表现茶事，抒写对茶的钟爱。明正统四年（1449）翰林院修撰张益所撰《水月禅寺中兴记》，以及碑阴所刻白居易、苏舜钦原作于水月禅寺的两首七绝诗，就是以碑刻流传至今，成为茶文化流播的经典。诞生于苏州的"明四家"，无不以茶入画。文徵明的《品茶图》画面为主客二人在屋内对啜，享受品茗之乐，而茶童则在备水间忙着煎水，反映了明代由繁入简（改用沸水泡茶）的饮茶方式。又如仇英的《松亭试泉图》，亭中隐士在品茶赏景，一童子蹲着煮茶，另一童子在溪边持瓶汲泉，记录了时人"泉水为上"的饮泡风尚。唐寅则有《品茶图》《事茗图》等传世。

上述诗、词、文及书画作品，用不同的表现方式，从不同的视角再现了当时的茶事、茶风尚、茶风俗、茶文化，是人们了解和研究洞庭山碧螺春的珍贵史料与文化蓝本，具有较高的历史文化价值。

（三）洞庭山碧螺春茶文化的内涵特征

洞庭山碧螺春的生态环境、制作工艺、冲泡技法、风尚习俗之独特性，折射出吴地物富景和的风物风貌，以及吴地人精致、精美的生活样态与价值观念，并且随着时代的变化不断被赋予新的内涵，成为吴地文化的重要组成部分。下面从人文精神、象征意义、文化隐喻、美学意蕴等四个方面来剖析和解读洞庭山碧螺春茶文化丰富的内涵特征。

1. 洞庭山碧螺春的人文精神

洞庭山碧螺春的命名、制作、冲泡、传说、掌故、习俗无不蕴含着丰富的人文性，尤其是历代文人的大量诗文著述，不仅再现了当时的茶事茶俗，更通过他们对茶的喜好与追求的描述，传递出文人的精神世界。唐代"茶圣"陆羽，诗人皎然、皮日休、陆龟蒙等曾多次探访洞庭山，留下了不少咏茶佳作。其中，皮日休的《茶中杂咏》与陆龟蒙的《奉和袭美茶具十咏》互为应和，几成茶诗之绝唱，热烈地表达了诗人对春茶"清香满山月"之喜悦和对茶农"天赋识灵草"之赞美。现代著名作家陆文夫在《茶缘》中不无深意地写道："每年春天，当绿色重返大地的时候，我心中就惦记着买茶叶，碧螺春汛过去了，明前过去了，雨前过去了，炒青开始焙制了，这时候最希望能有几个晴天，晴天炒制的茶水分少，刚炒好就买下，连忙回家藏在冰箱里，从炒到藏最好是不要超过三天。每年买茶都像是件大事，如果买得不好的话，虽然不是遗憾终身，却也要遗憾一年。"陆文夫把购置新茶视为一年之中的"大事"，颇为虔诚，甚为郑重，可见他对饮茶之讲究，这同时也道出了文人的共同意趣和精神向往：崇尚高雅，追求品质。而文人墨客追求的精致高雅，可谓是碧螺春最为突出的人文精神。

2. 洞庭山碧螺春的象征意义

洞庭山碧螺春的精细、精美、雅致，历经长时间的积淀，被赋予了多重象征意义，主要体现在两大方面：一是碧螺春的精细雅致，成为吴地精致生活的象征；二是碧螺春的禀赋与气质，成为苏州人性格乃至苏州城市性格的象征，由此洞庭山碧螺春还被视为苏州的城市名片。这里的"象征"具有一般修辞学的意义，指借助某一具体事物之特征表达某种富有特殊意义的事理，或以某一象征物为本体表达一种特定的意蕴。就洞庭山碧螺春的象征意义而言，受关注的是洞庭山碧螺春的文化社会学意义。洞庭山碧螺春的精细象征生活的精致，这容易理解；对于洞庭山碧螺春的禀赋与气质成为苏州人性格乃至苏州城市性格的象征，则需要做具体分析。

把洞庭山碧螺春视作苏州人性格乃至苏州城市性格的象征，甚至作为苏州的城市名片，着眼于洞庭山碧螺春的文化内核与精神特质，是对洞庭山碧螺春文化这一概念外延的拓展，主要体现在其禀赋与气质方面——无论是碧螺春的自然禀赋、精致精美程度，还是它所呈现出来的品质气质，都与苏州人的追求、苏州这座城市的性格与气质一脉相承。从洞庭山碧螺春最早被作为贡品，到在当代被作为国礼赠送给外国政要，洞庭山碧螺春的文化意义堪与一座文化名城媲美。尤其是改革开放后，苏州人自喻"碧螺春"，提出"大树底下种好碧螺春"等理念，自

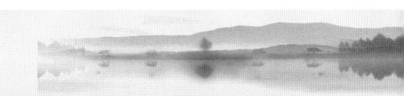

觉弘扬碧螺春精耕细作的精神，致力提升"苏州制造"品质，赋予了洞庭山碧螺春更为深广的文化内涵。总而言之，洞庭山碧螺春的内涵品质与苏州的城市形象及城市精神特质高度吻合，息息相通。

3. 洞庭山碧螺春的文化隐喻

文化隐喻，即隐藏在事物背后的比喻义或寓意。洞庭山碧螺春的文化隐喻，是指寄寓在洞庭山碧螺春之中的一种特殊含义，是洞庭山碧螺春茶文化的延伸，它已经突破了单一的茶文化含义，甚至赋予洞庭山碧螺春超越传统文化概念的社会学意义，人们可以从更为宽广的社会学视角来观照和审视其衍生意义。这是洞庭山碧螺春丰富内涵的一种独特表现形态，是洞庭山碧螺春特殊魅力的又一体现。

文化隐喻通常必须具备两个特征：一是隐喻之物与该事物在内质上相关联或相通；二是其隐喻之义通常是约定俗成的，为大家所能理解和接受。需要指出的是，文化隐喻所衍生或所派生出来的往往是间接的，由物生义，是隐藏在事物（字面）背后的寓意（比喻义），有的甚至不排除主观认定成分，但其间必定有相通相连之处，或有约定俗成的成分，一般不会由此产生歧义。以下是我们生活中常见的洞庭山碧螺春的文化隐喻现象。

——"大树底下种好碧螺春"，喻指依托上海发展苏州经济。

改革开放以来，苏州人在经济社会实践中提出了在"大树底下种好碧螺春"的发展理念。"大树"喻指上海，突出其经济实力之强大，犹如一棵参天大树；"碧螺春"喻指苏州，苏州如同一株小树。"大树底下种好碧螺春"，喻指依托上海的资源优势，致力发展苏州经济，融入上海经济圈，实现借"海"出航。从改革开放初期创办乡镇工业时的"星期天工程师"，到工业经济上与上海横向联营，再到沪苏同城化、长三角一体化发展，苏州人始终以积极的姿态主动拥抱上海这棵大树，脚踏实地、锐意进取，创造出了享誉全国的"苏南模式""苏州制造""苏州速度"，成就了苏州经济的辉煌。多年来，苏州以 GDP 保持全国城市第六位和工业产值超 4 万亿元，成为中国最强地级市。

有人曾经这样分析推断：如果没有依托上海的资源优势，或者不好好利用上海的优势资源，苏州经济就很难有如此之快的发展速度。"大树底下种好碧螺春"，体现了苏州人的智慧和创造。

—— "我是一株碧螺春"，喻指低调谦虚。

"大树底下种好碧螺春"，主要喻指以小博大、借势发展的经济发展理念。由此还引发出以碧螺春（小树）自喻，即以碧螺春之细微表示谦虚—— "我是一株碧螺春"或"你真像一棵碧螺春"，前者是一种独特的自谦表达，后者则指对方处事低调、不事张扬，是苏州人内敛含蓄性格的又一表现。但苏州人的自谦、内敛与低调并不等于示弱，而是一种力量的蓄积，并释放出绵绵不绝的能量。

碧螺春，看似微不足道，但潜能无限，成为苏州人自强与韧性性格的又一写照。碧螺春的这种文化隐喻，体现了碧螺春的人格化特征，即通过碧螺春的人格化力量来展现其内涵的丰富与深刻。

—— "像做碧螺春一样"，喻指追求完美。

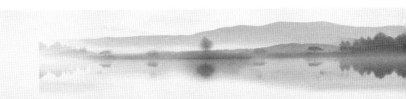

　　"像做碧螺春一样"处事，以碧螺春制作技艺之精细和碧螺春茶之精美，喻指把事情做好，做到极致，这是工匠精神在苏州人身上的一种体现。苏州是世界手工艺与民间艺术之都，苏作工艺已成为中华民族优秀工艺文化的代表，其刺绣和各类雕刻无不以精细雅美而为世人所青睐。绣花和雕刻已成为慢工出细活、出精品的象征。近年来，随着洞庭山碧螺春茶文化的广泛传播，洞庭山碧螺春的制作工艺渐入人心，并以极强的渗透力影响了苏州人的生活态度和处事方式，苏州人把洞庭山碧螺春精细的制作技艺作为一种工作追求和工作作风，注重品质，讲究完美。多年来，"苏州制造"之所以受到市场追捧，说到底是由于其品质上乘。

　　——"最美的人生与碧螺春相伴"，喻指精美雅致的生活。

　　精美雅致，是"苏式生活"的显著特征，也是吴文化的重要内涵之一。近年来，在吴地流行着这样的话："有一种幸福叫生活在苏州"，"最美的人生与碧螺春相伴"。追求与碧螺春相伴的生活，就是追求精美雅致的"苏式生活"，就是追求生活在苏州的幸福感。

　　将碧螺春与精美雅致的生活画等号，是因为洞庭山碧螺春本身就精细、精致。碧螺春从生长环境、制作技艺、冲泡技艺到外在形态、内在品质都是独一无二的，处处都体现出特有的典雅精美。"碧螺春"三字，不仅道尽了茶叶的色、香、味、形，同时还是精美雅致的化身。洞庭山碧螺春的个性特征契合了吴地人的生活，是吴地人文性格的写照。"最美的人生与碧螺春相伴"，就是追求"像碧螺春一样"精致典雅的幸福美满生活，碧螺春成了吴地人精致生活的标本。

"梅盛每称香雪海，茶尖争说碧螺春。"（清代陈康祺《碧螺春》）洞庭山"碧螺春"之名与光福"香雪海"之名有异曲同工之妙，其含义蕴藉，耐人寻味，是吴地最具个性和诗意的名称，可以说是苏州对江南文化的又一贡献。早春香雪海探梅，阳春洞庭东山和西山品茗，成了江南人生活中的盛事、美事。

4. 洞庭山碧螺春的美学意蕴

洞庭山碧螺春不仅折射出吴地人精美雅致的生活，还把吴地人的生活提升到了审美的高度，赋予其美学意蕴，令苏式生活更富有诗意。"最美的人生与碧螺春相伴"，显然，在苏州人眼里，品饮碧螺春不只是简单地喝个茶，而是过一种美的生活，是诗意生活的写照；进而由诗意生活到诗意人生，即由生活之美到人生之美。

——洞庭山碧螺春，是美的化身。

从美学角度观照，洞庭山碧螺春从种植环境、民间传说，到命名、形态与口感、质感，无一不洋溢着美感，故有"茶中仙子"之称。但凡品尝过洞庭山碧螺春的人，都会为她宛若江南女子般优雅婉约的韵味所吸引、所陶醉。可以说，洞庭山碧螺春就是美的化身，每每唤起人们对美的联想和对美的生活的追寻。

从生长环境来讲，洞庭山碧螺春茶树与漫山遍地的各类果木间植，加之环太湖温润的小气候的浸淫，便使一年四季汲取果木芬芳的洞庭山碧螺春茶产生了独有的馥郁芳香。茶果间作，保持作物的自然性、原生态，是人与自然和谐相处的一种呈露。洞庭山碧螺春的生态环境堪称江南农耕文明的典范，展示了人间天堂苏州的自然美，以及当地人对大自然的尊重与敬畏。

在民间，关于洞庭山碧螺春，流传着好多美丽的传说。传说之一，碧螺姑娘为救心爱的情郎，冒险从悬崖上采茶为之解毒。这个故事闪烁着人性美，可以想见姑娘救情郎之心切、之急切、之不顾一切。传说之二，一群采茶姑娘为让茶叶不被雨淋而将之揣入怀中，茶叶因之散发出奇异幽香。这个传说虽不无演绎成分，但颇具浪漫色彩，寄托了人们的美好理想与情怀，并赋予洞庭山碧螺春独特的女性化色彩与美感，这又与吴文化中的柔情温润相一致——吴侬软语的苏州也是柔软的、温和的。要是城市也有性别的话，苏州这个城市当是女性的。有人曾对苏州的城市性格作如是解读：苏州是一个风雅女子、一个小家碧玉。"姑苏"二字，一个"女"字旁，一个"草"字头，何其女性化！品饮洞庭山碧螺春，每每会激发对少女般浪漫恬静的追思。碧螺春是感性的，其风雅契合了美学作为"感性学"学科的特征，而洞庭山碧螺春之阴柔美则展现了姑苏的柔韧品格。

碧螺春制作技艺堪称中国卷曲形茶传统手工制作技艺的代表，这也是其能入选人类非物质文化遗产代表作名录的主要原因。其制作的成茶条索纤细、卷曲成螺、茸毛遍体，充分展示出茶叶的形态之美。而其碧绿的汤色、高雅的清香、美妙的口感，则令人回味无穷。从美学角度看，"碧螺春"三字充分揭示了茶的本质特征，彰显了茶的色、香、味之美——从外形到口感到味觉。当洞庭山碧螺春茶叶在杯中徐徐舒展，扑面而来的是春的气息——一杯洞庭山碧螺春茶照见了春的到来，让人领略到春光的明媚，感受到春风的和煦——与美好的春天相伴。而由洞庭山碧螺春引发的诸种人文诗性精神，则展示出洞庭山碧螺春的内质美。

——品饮碧螺春，由美的生活激发美的感知与祈盼。

长时间的文化熏陶使吴地人形成了精致高雅的生活观念与生活方式——"苏式生活"。一茶一饭，品饮洞庭山碧螺春，就是一种精致优雅的美的生活姿态，是高雅达观的生活理念的显现。"一叶知春，一叶明心"，采制于大自然造化的洞庭山碧螺春具有天然的亲和力，仿佛成了人们生活的知音。洞庭山碧螺春之色、香、味，以其特有的温馨与亲近，契合了人们的生活理想和对美的生活的感知与祈盼。一年一度春季茶汛，成了苏州人的美好企盼，甚至成了挥之不去的执念。身处异乡的苏州人，品尝一杯洞庭山碧螺春，能感受家乡的温馨，寄托乡愁，被激发出对来年茶汛的期待。正如苏轼在《望江南·超然台作》诗中所言："休对故人思故国，且将新火试新茶。"这种感知和祈盼，让人永远保持对生活的乐观、自信与豁达，把苏式生活之美提升到了新的高度。

这种美的生活，还体现在苏州人的待客之道上。在日常生活中，朋友来了，苏州人通常都会沏上一杯上好的洞庭山碧螺春，这显然已超越了一般的招待，将其上升到了特有的礼遇层次，洞庭山碧螺春因此成为人们增进友谊的感情纽带，展示出了吴地的人性、人情之美。

——品饮洞庭山碧螺春，领悟美的真谛，焕发美的创造。

洞庭山碧螺春的价值指向中蕴含着人的精神信仰和精神指归。长期品饮洞庭山碧螺春的人大多会有这样的体验：不由自主地由味觉之美感体验升华至精神之愉悦——由感官的享受（物质）升华到精神的享受（愉悦）。这一过程让人澄澈心灵，获得"饮碧螺春慰平生"的快感。人们品饮洞庭山碧螺春，在享受精神美感之际领悟美的真谛，预见美好未来，升华人性品格，丰富人生智慧。洞庭山碧螺春唤起了人们对美的生活的憧憬，激发了人们对美的事物的发现与创造，进而汇聚成积极进取、不竭创新的人生力量和精神动力。

洞庭山碧螺春，滋养人文精神，涵养人的性格，提升人的精神品格——由对洞庭山碧螺春的钟爱转向对生命的哲思向往和对人生价值的追寻。就这一意义而言，洞庭山碧螺春是为热爱生活的人准备的。品饮洞庭山碧螺春，就是品读春天，品读人生。

二、洞庭山碧螺春茶文化的传播

洞庭山碧螺春的知名度及声誉，虽然是由它的品质决定的，但也离不开文化传播之推波助澜。从广义上讲，洞庭山碧螺春茶文化的传播是伴随着洞庭山碧螺春的生产与流转开始的，包括之后参加展会等营销评比活动。从狭义上讲，洞庭山碧螺春茶文化的传播是针对特定需求展开的宣传推介活动，其最终目的是塑造品牌，树立形象，推动产品走向市场。

（一）碧螺春的品牌塑造

1. 参加展会是展示品质、塑造品牌最直接和最有效的手段

近代以降，洞庭山碧螺春参加了多个国际性展会和评比活动，除清宣统二年（1910）参加南洋劝业会获优等奖、1915年参加巴拿马万国博览会获金奖之外，在1918年国民政府工商部举办的国货展览会上，碧螺春茶也获得了一等奖。民国初年，碧螺春茶就被评为"中国十大名茶"，从而奠定了其在国际、国内市场上的地位。

中华人民共和国成立后，为推动茶产业发展、提升茶叶品质、弘扬茶文化，先后组织开展了"中国十大名茶"评比和"中茶杯"全国名优茶评比。资料显示，自1956年起至今共举办过5次"中国十大名茶"评比，参评者无数，洞庭（山）碧螺春每次均入选并名列前茅，其中1999年位居"中国十大名茶"之首，其余4次均位列第二名。由中国茶叶学会组织的"中茶杯"评比活动始于1994年，被誉为"中国茶界奥斯卡"。在历届"中茶杯"评比中，洞庭山碧螺春屡屡获奖。其中，2005年获第六届"中茶杯"评比一等奖。此外，洞庭山碧螺春还先后参加"华茗杯""中绿杯"全国名优茶评比和"陆羽杯"江苏省名特茶评比。2010年8月，在中国茶叶学会组织举办的首届"国饮杯"全国茶叶评比中，洞庭山碧螺春共获得3个特等奖、7个一等奖，特等奖数量占全国特等奖总数的十分之一强。据统计，在历届全国和省名优茶评比中，洞庭山碧螺春共斩获8个特等奖和16个一等奖。

2. 致力公用品牌建设，全面提升洞庭山碧螺春的品牌效应

1998 年 3 月，洞庭山碧螺春申请并获准注册"洞庭山碧螺春"地理标志证明商标。2008 年 5 月，"洞庭（山）碧螺春茶"获评为国家地理标志产品。2009 年 4 月，"洞庭山碧螺春"原产地证明商标被国家工商行政管理总局商标局认定为中国驰名商标。2019 年，洞庭山碧螺春入选中国农业品牌目录"农产品区域公用品牌"。2021 年，洞庭山碧螺春入选《中欧地理标志协定》名单，碧螺春茶果复合系统入选全国县域特色产业。近年来，吴中区先后获"全国茶业百强县""全国智慧茶业样板县域""'三茶统筹'先行县域"等荣誉称号。2022 年，洞庭山碧螺春以 50.99 亿元的品牌价值位居中国茶叶区域公用品牌价值十强第六位。

（三）洞庭山碧螺春茶文化的传播

相关部门以节庆等方式塑造品牌，传播洞庭山碧螺春茶文化。2003年春，首届苏州市吴中区碧螺春茶文化节在洞庭东山碧螺广场盛大开幕。其间，相关部门以多种形式推介洞庭山碧螺春，评选碧螺春形象代言人"碧螺姑娘"，开展洞庭山碧螺春茶"天下第一锅"竞拍等，吸引了众多媒体竞相报道，在海内外产生了广泛影响。值得一提的是，在碧螺春茶文化节上，以碧螺春为题材的歌舞引发了广泛关注，其中的歌曲《碧螺赞》一度风靡吴中，流传甚广，开启了以现代歌曲形式礼赞洞庭山碧螺春之先河。兹录之：

波清水柔兮，太湖之浪；

土沃果香兮，洞庭之壤。

翩翩茶神兮，瑞降吴中；

茶中绝品兮，萌发我乡。

仙子肌肤亲碧螺，茶育灵气香四方。

尝一口，齿颊便留香；

尝两口，神清气也爽；

尝三口，浊气尽涤荡！

吓煞人香仙家树，碧螺峰下美名扬！

吓煞人香仙家树，茶飘四海万里香！

波清水柔兮，太湖之浪；

土沃果香兮，洞庭之壤。

翩翩茶神兮，瑞降吴中；

茶中绝品兮，萌发我乡。

康熙驾临吴中地，好茶初尝喜欲狂。

尝一口，齿颊便留香；

尝两口，神清气也爽；

尝三口，浊气尽涤荡！

碧螺春名康熙赐，碧螺春香飘四方！

碧螺春名康熙赐，皇皇名声赋华章！

之后，吴中区碧螺春茶文化（旅游）节连续举办多届，极大地提升了洞庭山碧螺春的影响力。2004—2006年，连续举办洞庭山碧螺春炒茶能手擂台赛，评选出"十大炒茶能手"。为了进一步擦亮"洞庭山碧螺春"金字招牌，2023年3月18日，在西山水月坞举办首届中国苏州太湖洞庭山碧螺春茶文化节，会上发布了《苏州市吴中区洞庭山碧螺春茶产业振兴三年行动方案（2023—2025）》，以"基地提升""品质提优""市场拓展""品牌强化""文化弘扬"五大工程为发力点，加快要素整合创新，提升市场竞争力和品牌影响力，致力于把洞庭山碧螺春打造为生态绿茶第一品牌。从举办苏州市吴中区碧螺春茶文化节到举办中国苏州太湖洞庭山碧螺春茶文化节，洞庭山碧螺春的内涵、外延及视阈进一步丰富和拓展。

与此同时，相关部门走出吴中，走出苏州，赴上海及境外举办"好物江南　心上吴中"活动，推进茶、文、旅融合发展，挖掘洞庭山碧螺春在生态、休闲、旅游、文化等方面的价值，使洞庭山碧螺春成为走向世界的新符号。相关部门还利用现代媒介推出洞庭山碧螺春茶文化主题系列宣传活动，讲好洞庭山碧螺春的故事，其中《我在苏州学非遗·洞庭山碧螺春制作技艺》纪录片摄制播放后，收到了理想的效果。此外，一些茶商和茶叶公司在洞庭山碧螺春新茶上市之际，利用报纸、广播电视和户外媒体进行品牌推广，有的茶农赴上海等地进行洞庭山碧螺春现炒现卖，这对展示洞庭山碧螺春制作技艺和传播洞庭山碧螺春茶文化产生了十分直观的效果。

三、洞庭山碧螺春的国际影响

洞庭山碧螺春是中国绿茶的代表，深受世界各地消费者的喜爱，在国际茶叶市场上具有一定的影响。洞庭山碧螺春的国际影响力，主要通过参加国际性展会、国际市场流通和国际交往等途径逐渐形成。

（一）参加国际性展会

一个产品能跻身国际展会，获得参展资格，标志着该产品已成为行业的翘楚。国际性展会有两种形式，一种是在中国举办的面向世界市场的展会，另一种是在世界其他国家举办的展会。从现存资料来看，洞庭山碧螺春亮相国际展会最具影响力的活动是 1910 年参加南洋劝业会和 1915 年参加巴拿马万国博览会（全称为"1915 年首届巴拿马太平洋万国博览会"），并分别获奖。

1910 年，洞庭山碧螺春在南洋劝业会上获优等奖。这是洞庭山碧螺春首次登临国际性展会。南洋劝业会是我国举办的第一次国际性博览会，也是我国历史上首次以官方名义主办的国际性博览会。展会于 1910 年 6 月 5 日在南京启幕，历时半年之久，中外参观者达 30 多万人次。南洋劝业会借鉴了英国万国博览会、意大利米兰世界博览会等的办展经验，吸引了国内 22 个行省和 14 个国家与地区来南京设馆展览，欧美和东南亚有不少国家前来参展，展品达百万件，成交总额达数千万银圆，时人称之为"我中国五千年未有之盛举"。参展南洋劝业会并获优

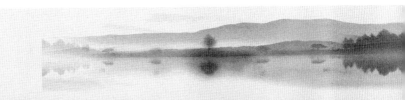

等奖，彰显了洞庭山碧螺春的优质性，为洞庭山碧螺春拓展国际市场创造了条件。

1915 年，洞庭山碧螺春作为中国茶叶的代表之一，在美国旧金山举办的巴拿马万国博览会上一举夺得金奖。巴拿马万国博览会主要是为庆祝巴拿马运河开凿通航而举办的一次盛大庆典活动。博览会从 1915 年 2 月 20 日开幕，到 12 月 4 日闭幕，展期长达 9 个半月，总参观人数逾 1800 万人，是世界上历时最长、展品最丰、参展人数最多的博览会，中国参展的展品数量达 20 多万件。中国作为国际博览会的初次参展国，在巴拿马万国博览会上取得了令世界瞩目的成绩：共获得各种大奖 74 项，金牌、银牌、铜牌、名誉奖章、奖状共 1200 余个，在 31 个参展国中独占鳌头。中国的茶叶、丝绸、瓷器等受到国际市场的广泛青睐。据相关资料记载，本次博览会后，中国商品出口大幅度增加。巴拿马万国博览会举办当年，仅中国对美国出口茶叶就达 1800 万美元，再现了茶马古道的荣耀与辉煌。碧螺春茶在巴拿马万国博览会上斩获金奖，为中国茶叶赢得了国际声誉。

（二）国际市场流通

我国是世界上最早生产茶叶和饮茶的国家，我国生产的茶叶早就具有商品属性。资料显示，我国茶叶的对外贸易已有 1500 多年历史，在明崇祯十七年（1644）之前，主要采用"以物易茶"的出口外销模式，对这方面的最早记载是土耳其商人来我国西北边陲以物易茶。唐代，朝廷设市舶司管理对外贸易。其后，中国茶叶通过海上和陆上丝绸之路输往西亚与中东地区，以及朝鲜、日本等国家。明代，郑和七次率船队出使南亚、西亚和东非 30 余国。同时，波斯商人的贸易活动、西欧人的航海探险旅行，以及传教士的中西交往等，把中国的茶文化传至西方，为以后的中国茶叶大量输入欧洲等地做了舆论上的准备。

洞庭山碧螺春在唐宋时期就已成为贡茶，颇负盛名。苏州的物产较早走向世界，京杭大运河功不可没。据史料记载，大运河的开凿贯通不仅加强了南北往来，更把偏于江南的苏州推到了全国经济文化中心和江南水运中心的位置，吴地的丝绸、茶叶、手工艺品沿着大运河源源不断地走向全国、走向世界。京杭大运河便利了苏州的对外贸易，大量海外航船通过吴淞江和运河直泊苏州城下，姑苏城内外的商户得以直接与外商进行交易。元代，意大利商人、旅行家马可·波罗来到苏州，对苏州的物产颇感兴趣，并盛赞苏州很像他的家乡威尼斯。郑和从太仓浏河出发七下西洋对外交往，苏州的特产当为首先的受益者。以上种种表明，洞庭山碧螺春应该是最早走向世界的苏州物产之一，且为中外商家所青睐。在首届巴拿马万国博览会上获金奖的碧螺春，就是由裕生华茶公司经营的。这家公司于清光绪三十年（1904）在上海成立，专营茶叶出口贸易，主要经销洞庭山碧螺春、西湖龙井等中国名优绿茶。

20 世纪 80 年代以来，随着中国茶叶出口量的逐渐增加，洞庭山碧螺春的出口量也逐年攀升。据专家分析，越来越多的国家开始了解中国茶文化并注重中国茶叶消费，这为中国茶叶的出口创造了更多的机遇。而中国茶文化的推广和洞庭山碧螺春品牌知名度的提升，也为洞庭山碧螺春的出口创造了更多的机遇。

（三）国际交往

茶文化作为中国的国粹在中外交往中发挥了积极作用，洞庭山碧螺春在国际交往中同样扮演着独特的角色，成为中外友好交往的桥梁和纽带，留下了不少佳话。

据 2023 年 4 月 13 日《人民政协报》载（作者苏哲），1954 年 4 月，日内瓦会议召开。中国政府派出以周恩来总理为团长的代表团出席会议，这是中华人民共和国成立后第一次以大国身份参加重要国际会议。为此，外交部和相关方面做了大量准备，并决定携带 2 斤"分前"碧螺春赴会。为此，东山西坞村、西山梅益村等地茶农在接到任务后，精心采制碧螺春，按时送抵北京。

会议期间，周恩来总理在会议驻地会见澳大利亚外长凯西。落座后工作人员用带去的碧螺春为客人沏茶。凯西外长接过茶杯，但见茶汤碧绿清澈，清香袭人，凯西外长不时连连称赞。在友好融洽的气氛中，双方围绕日内瓦会议议程和相关议题坦诚交换看法。在日内瓦会议休会期间，周恩来总理取出碧螺春，用先倒水、后放茶的冲泡法招待与会记者，并向各国朋友宣传中国的茶文化。

1972 年 2 月，美国总统尼克松访华，中、美两国在上海签署《上海公报》，从此结束了两国 20 多年的隔绝状态，开启了中美关系正常化进程。会谈期间，周恩来总理专门请美国国务卿亨利·基辛格品饮碧螺春；临行前，周总理还特意把碧螺春作为国礼赠送给基辛格博士，令客人倍感中国总理的细心与温暖，从而增进了双方友谊。洞庭山碧螺春作为国礼，将与这段外交佳话一起长存于中美关系史。

改革开放以来，我国对外交往日益频繁。作为改革开放的排头兵，苏州自然成了我国对外交往的重要窗口。用洞庭山碧螺春招待来宾或在重要活动场合进行碧螺春茶艺表演，成为苏州人的待客之道和文化礼节。在此过程中，增进了双方的了解和友谊，展示了苏州人的热情与好客，推动了苏州经济与国际接轨。在江苏省园艺博览会、"中国苏州江南文化艺术·国际旅游节"和在境外举办的一些经济文化推介活动上，洞庭山碧螺春及碧螺春茶艺频频亮相，苏州以洞庭山碧螺春为媒介，拉近了与客人的距离。苏州是国际旅游城市，每到碧螺春汛期，境外好多旅游代表团都会到苏州洞庭山采茶、制茶，在特有的生活体验中充分感受洞庭山碧螺春茶文化的精彩与多姿。洞庭山碧螺春，成为名副其实的中外经济和文化交流合作的友好使者。

以碧螺春制作技艺被列入人类非物质文化遗产代表作名录为契机，推进"茶和天下"国际交流活动的开展。2023 年 7 月 11 日，由中国文化和旅游部主办，中国对外文化交流协会、江苏省文化和旅游厅、巴黎中国文化中心等承办的"茶和天下·苏韵雅集"活动在位于巴黎的联合国教科文组织总部拉开帷幕。联合国教科文组织副总干事曲星、执行局主席塔玛拉·希亚玛希维利、联合国教科文组织《保护非物质文化遗产公约》秘书处负责人蒂姆·柯蒂斯，中国常驻联合国教科文组织大使杨进，以及希腊、法国、波兰、缅甸、加纳、俄罗斯、日本、埃

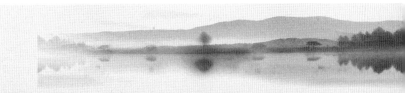

及、孟加拉国、捷克、巴基斯坦、巴勒斯坦等国常驻联合国教科文组织代表，联合国教科文组织国际职员，法国文化旅游业界代表等200多人出席活动。活动由"茶·源""茶·韵""茶·宴""茶·礼""茶·会""茶·旅"等6个部分组成，是一场融合了品茗、闻香、赏器、听曲、观展等活动的可视、可触、可赏、可品的"文雅之集会"。其中，来自碧螺春非遗传承人代表的茶艺展示，让嘉宾们近距离感受到了洞庭山碧螺春独特的制茶技艺和高雅品质。活动在传达祈福天下和合之美好愿景的同时，扩大了洞庭山碧螺春的国际影响。

第六章

洞庭山碧螺春的非遗传承

洞庭山碧螺春制作技艺，自 2007 年年初被列入苏州市吴中区非物质文化遗产代表性项目之后，相继申报并入选苏州市、江苏省和国家级非物质文化遗产代表性项目。2022年 11 月，"碧螺春制作技艺"作为"中国传统制茶技艺及其相关习俗"的重要组成部分，被联合国教科文组织列入人类非物质文化遗产代表作名录，这充分彰显了碧螺春制作技艺在人类非物质文化遗产中的地位。

与此同时，苏州市积极启动、不断推进洞庭山碧螺春制作技艺的非遗保护、传承与利用，推动碧螺春茶产业的健康持续发展及农业技术进步。

一、洞庭山碧螺春的传承价值

洞庭山碧螺春制作技艺是我国卷曲形茶传统手工制作技艺的杰出代表，有着深厚的历史文化价值、高雅的艺术鉴赏价值和较高的学术研究价值。

（一）深厚的历史文化价值

洞庭山碧螺春茶叶的炒制历史最早可追溯到唐代，至今已有1300多年的历史。其传统制作技艺，是洞庭山乃至吴地久远而又鲜活的文化样态的表现，是一种原生态的文化基因，是洞庭山人民生活、生存方式的反映，是洞庭山传统文化最深根源的映射，它历经岁月沧桑，被保存、流传下来，有着极其重要的历史文化价值。长期以来，洞庭山碧螺春制作技艺作为一种独特的文化载体，为中华文明的传承发展做出了不可磨灭的贡献，是一份极其宝贵的历史文化遗产，需要得到进一步继承和弘扬。

碧螺春制作技艺作为一种独具一格的茶文化现象，并非现代工业文明所能直接替代，传承和弘扬非物质文化遗产碧螺春制作技艺，有着迫切的现实意义。

（二）高雅的艺术鉴赏价值

洞庭山碧螺春制作工艺复杂，每道工艺的要求甚高。这些技术、技艺是洞庭山茶农在长期的生产实践中摸索形成的，是洞庭山人民的智慧结晶，展示了洞庭山人民的生产生活风貌，以及艺术的想象力、创造力和审美情趣。其无与伦比的制作技巧，具有极高的艺术价值和高雅的艺术鉴赏价值。洞庭山碧螺春精湛的制作技艺及其制品（洞庭山碧螺春茶）优美别致的形态风格，无不给人以美的享受，有着较高的审美价值。据分析，目前现代高科技尚无法全真模拟洞庭山碧螺春手工制作技艺复杂多变而又敏感灵巧的炒制动作。

碧螺春制作技艺所拥有的高雅艺术鉴赏价值和审美价值，是历代文人墨客钟情咏叹的重要内容，亦为当代发展文化旅游提供了不可多得的优势资源。游客既可以直接欣赏优美的碧螺春制作技艺，也可到产地在参与互动中获得美的享受。这就是碧螺春制作技艺所具备的文化旅游观赏价值。

（三）较高的学术研究价值

碧螺春制作技艺的各道工序均有着较高的技术要求，全面、准确掌握的难度较大。不同的鲜叶采摘和拣剔标准，炒锅形状和结构，每锅的投叶量，炒制时的锅温，揉捻和搓团的力度、方向、时间，等等，都会对最终的洞庭山碧螺春茶叶成品质量产生不同的影响。洞庭山碧螺春制作技艺及其历史演变过程给我们提供了极其丰富的历史资料和极有学术价值的资料样本，为人们更好地开展洞庭山碧螺春制作技艺学术研究奠定了基础。

此外，碧螺春制作技艺作为历史的产物，是对洞庭山历史上不同时期生产力发展状况、科学技术发展程度、人类创造能力和认识水平的原生态保留与反映，是后人获取科技信息的源泉，特别是高温杀青工序凭借高温瞬间扼杀鲜叶红变生物酶活性，使成品茶叶保持绿色的技艺，体现了历代洞庭山人民认识和掌握科技的能力与水平。碧螺春制作技艺保留着原始文化的纯真，对于研究洞庭山历史具有重要的科学价值。

二、碧螺春制作技艺的非遗申报

（一）碧螺春制作技艺的传承状况

洞庭山茶叶生产历来以家庭为种植和制作单位，在茶叶制作技艺方面，以家庭代际传承为主，由此形成了很多茶树种植和茶叶制作世家。进入 21 世纪后，一方面，随着茶叶消费需求的增长，洞庭山碧螺春茶树种植面积不断扩大；另一方面，随着城市化进程的加快，大量年轻人进城工作，导致碧螺春生产制作后继乏人，长此以往，碧螺春制作技艺这门古老绝活将会失传。洞庭山碧螺春制作是一门纯手工加工工艺，技术要求繁复，留在农村的年轻人大多缺乏学习这门技艺的意愿。面对这样的状况，在提升洞庭山碧螺春经济效益的同时，建立洞庭山碧螺春炒制传承体系，提升碧螺春制作的专业化程度，增强碧螺春制作技艺传承者的社会荣誉感，确立碧螺春制作技艺非遗传承人制度，科学建设碧螺春制作技艺传承人队伍迫在眉睫。

（二）碧螺春制作技艺的非遗申报历程

碧螺春制作技艺的非遗申报工作起步于 21 世纪初。碧螺春制作技艺属传统技艺，其申遗经历了从最初的区（县）级非遗到国家级非遗直至人类（世界）非遗的过程。2007 年 4 月，"洞庭山碧螺春制作技艺"申报并入选苏州市吴中区非物质文化遗产代表性项目；2007 年 6 月，申报并入选苏州市非物质文化遗产代表性项目；2009 年 6 月，申报并入选江苏省非物质文化遗产代表性项目。2009 年 9 月，以江苏省苏州市吴中区洞庭（山）碧螺春茶业协会作为保护单位，申报国家级非物质文化遗产，项目名称为"绿茶制作技艺（苏州洞庭山碧螺春制作技艺）"。2011 年 5 月，绿茶制作技艺（碧螺春制作技艺）经国务院批准被列入第三批国家级非物质文化遗产扩展项目名录。

继绿茶制作技艺（碧螺春制作技艺）被列入国家级非物质文化遗产扩展项目名录之后，2020 年 3 月，"江苏吴中碧螺春茶果复合系统"又成功入选农业农村部第五批中国重要农业文化遗产名单，这是苏州市首个入选国家级重要农业文化遗产名单的项目。从此，洞庭山碧螺春成为农业产品的国家级双"遗产"。

碧螺春制作技艺申报人类非物质文化遗产项目工作始于 2020 年。是年 11 月，文化和旅游部确定将"中国传统制茶技艺及其相关习俗"作为中国新一轮申报联合国教科文组织人类非物质文化遗产代表作名录项目。按照规定，每个国家每两年只能单独申报 1 个人类非物质文化遗产候选项目。文化和旅游部确定浙江省作为牵头申报省份，由浙江省文化和旅游厅联系相关 14 省的有关部门（包括江苏省文化和旅游厅），负责申报文本、图片、视频等材料的制作。其间，中国茶叶博物馆联合 44 个国家级非物质文化遗产代表性项目保护单位（含"碧螺春制作技艺"）及中国茶叶学会等成立保护工作组，形成工作合力。2021 年 3 月底，文化和旅游部将申报件提交给联合国教科文组织，从此叩开了"中国传统制茶技艺及其相关习俗"入选人类非物质文化遗产代表作名

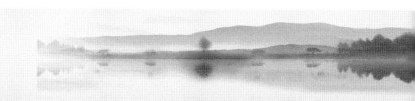

录的大门。

2022 年 11 月 29 日晚，我国申报的"中国传统制茶技艺及其相关习俗"在摩洛哥拉巴特召开的联合国教科文组织保护非物质文化遗产政府间委员会第十七届常会上通过评审，被联合国教科文组织列入人类非物质文化遗产代表作名录。"中国传统制茶技艺及其相关习俗"被列入人类非物质文化遗产代表作名录，对拓展民众对茶文化、茶叶相关知识的认知，深化民众对中华文明发源发展的认识，凝聚中华民族多元一体的文化认同，坚定中国人民的文化自信均有着十分重要的意义。同时，对促进中国茶产业繁荣发展、助力全面建成社会主义现代化强国也有着积极而长远的意义。

"碧螺春制作技艺"作为"中国传统制茶技艺及其相关习俗"的重要组成部分被列入人类非物质文化遗产代表作名录，这是苏州继昆曲、古琴、端午习俗、宋锦、缂丝、香山帮传统建筑营造技艺之后，第七个上榜人类非物质文化遗产代表作名录的项目，极大地丰富了苏州非物质文化遗产的结构与内涵，展示出苏州非物质文化遗产的多样性、丰富性。"碧螺春制作技艺"是目前苏州农业物产领域唯一的人类非物质文化遗产项目，这对弘扬苏州洞庭山碧螺春茶文化、加强"洞庭山碧螺春"农产品区域公用品牌建设、推动碧螺春茶产业及区域农业现代化发展有着积极而深刻的影响。

三、洞庭山碧螺春的传承谱系

（一）洞庭山碧螺春的传承模式

作为人类非物质文化遗产，洞庭山碧螺春在长期的生产实践中形成了相对固定的制作技艺传承模式：以家庭代际传承为主，部分以师带徒方式传授。追溯至清代，洞庭山形成了以东山双湾村槎湾周氏、碧螺村俞坞查氏、碧螺村严氏和以西山夏家底村李氏为代表的碧螺春茶叶炒制家族。洞庭山碧螺春茶叶炒制家族有两个特点：特点之一，以种茶为生，世代（三代及以上）种茶、炒茶，是典型的原住茶农；特点之二，恪守传统碧螺春制作技艺，为碧螺春制作技艺的当然传承人。以下，我们以东山严氏为例，展示洞庭山碧螺春制作技艺的传承模式与传承谱系。

> **第一代（清代）传承人**
>
> 严发财（男），1880年左右出生，已故。1895年做学徒，开始茶叶的生产制作。
>
> **第二代（民国）传承人**
>
> 严子山（男），1910年左右出生，已故。1925年做学徒，师承严发财。
>
> **第三代（现代）传承人**
>
> 严金根（男），1934年左右出生，已故。1950年做学徒，师承

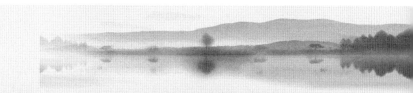

严子山。

严全根（男），1931 年左右出生，已故。1946 年做学徒，师承严子山。

第四代（当代）传承人

严介龙（男），1964 年出生。1980 年做学徒，师承严金根。

第五代（当代）传承人

严斌（男），1987 年出生，吴中区东山镇人，严介龙之子。2006 年做学徒，师承严介龙。曾获得首届"国茶人物·中国制茶能手"、中国（南昌）手工制茶大赛一等奖、"江苏省乡土人才'三带'新秀""乡村振兴技艺师""苏州市劳动模范"等荣誉，参与起草《苏式传统文化 洞庭（山）碧螺春茶制作技艺传承指南》。

王从安（男），1998 年出生，高级茶艺师，江苏连云港人。2018 年做学徒，师承严介龙。现为苏州市东山御封茶厂制茶师。2019 年获得全国手工绿茶制作技能大赛三等奖。

李竹林（男），1997 年出生，中级茶艺师，云南楚雄人。2018 年做学徒，师承严介龙。现为苏州市东山御封茶厂制茶师。2019 年获得全国手工绿茶制作技能大赛优秀奖。

肖智耀（男），1999 年出生，中级茶艺师，贵州安顺人。2018 年做学徒，师承严介龙。现为苏州市东山御封茶厂制茶师。

严氏家族是洞庭山碧螺春制作技艺代际传承的代表性家族之一。其前四代及第五代中的严斌均为家族代际传承，但发展到第五代，传承人严介龙开始对外招收徒弟，且以公司化运作方式以师带徒，传授碧螺春制作技艺。除王从安、李竹林、肖智耀留在公司工作之外，严介龙先后招收和培养了 180 多位优秀徒弟，分布在全国各地的茶叶企业。由此，严介龙被评为"江苏省劳动模范""江苏省乡土人才'三带'名人""东吴杰出匠师"及"碧螺春制作技艺"苏州市非物质文化遗产代表性传承人，为首批中国制茶大师，"严介龙古法碧螺春炒制茶技"创始人。

（二）洞庭山碧螺春非遗传承人介绍

自 2007 年启动洞庭山碧螺春制作技艺非遗保护传承以来，吴中区已先后确定代表性传承人 12 人。其中，国家级传承人 1 人，省级传承人 1 人，市级传承人 6 人，区（县）级传承人 4 人。这些洞庭山碧螺春制作技艺代表性传承人，承前启后，恪尽职守，在碧螺春制作技艺的赓续方面发挥了重要作用，推动了非物质文化遗产洞庭山碧螺春制作技艺的传承发展。其具体传承情况如下。

国家级传承人

施跃文（男），1967 年出生，洞庭东山双湾村槎湾茶农，著名炒茶能手周瑞娟之孙。2018 年 5 月被认定为碧螺春制作技艺国家级非物质文化遗产代表性传承人。在 50 多年的炒茶实践中，施跃文坚持探索，不断总结，形成了独有的碧螺春炒茶技艺。其炒制的茶叶具有纯正的碧螺春外形与内质。在传承碧螺春制作技艺的基础上，施跃文以新的方法制作碧螺红茶与碧螺春桂花味红茶。曾获2004年洞庭山碧螺春炒茶擂台赛第一名。

江苏省级传承人

周永明（男），1957年出生，洞庭西山衙甪里村茶农。2020年11月被认定为碧螺春制作技艺江苏省非物质文化遗产代表性传承人。自幼学习制茶技艺，熟练掌握碧螺春制茶流程。其炒制的碧螺春具有清香持久的特点，连续10余年被选作中国茶叶博物馆馆藏样品及中国茶叶学会教学用茶。曾获全国手工绿茶制作技能大赛二等奖。

苏州市级传承人

查恩春（男），1968年出生，已故，洞庭东山碧螺村俞坞茶农。2008年6月被认定为碧螺春制作技艺苏州市非物质文化遗产代表性传承人。擅长采用传统技法制作碧螺春，炒制手法刚柔并济，快而不乱，错落有致，恰到好处。曾获2004年洞庭山碧螺春炒茶擂台赛第二名。

陈建荣（男），1964年出生，洞庭东山碧螺村茶农。2010年6月被认定为碧螺春制作技艺苏州市非物质文化遗产代表性传承人。擅长碧螺春绿茶和红茶的制作，深得碧螺春炒制工艺要领。2018

年应邀赴贵州铜仁传授碧螺春制作技艺。多次参加炒茶比赛并获奖。

张利忠（男），1962年出生，洞庭西山缥缈村茶农。2010年6月被认定为碧螺春制作技艺苏州市非物质文化遗产代表性传承人。1979年开始学习碧螺春制作技艺，熟练掌握碧螺春炒制要诀，挖掘复原洞庭山民间传统工艺中的公转和自转热揉工艺，获"十佳炒制能手""吴中区洞庭山碧螺春炒茶大师"等荣誉。

蒋林根（男），1954年出生，洞庭西山庭山村茶农。2012年10月被认定为碧螺春制作技艺苏州市非物质文化遗产代表性传承人。在父辈的影响和熏陶下，蒋林根专心学习和研究碧螺春手工制作技艺，并于1993年成立苏州市吴中区庭山碧螺春茶叶有限公司，协助西山（金庭）镇农林服务中心传承保护洞庭山碧螺春制作技艺。2019年被江苏省非物质文化遗产保护中心授予"制茶能手"称号。

严介龙（男），1964年出生，洞庭东山碧螺村茶农。2021年3月被认定为碧螺春制作技艺苏州市非物质文化遗产代表性传承人。为苏州市东山御封茶厂创办人。从事制茶40余年，善于研习，深得洞庭山碧螺春炒制要领，参与制定苏州市地方标准《苏式传统文化 洞庭（山）碧螺春茶制作技艺传承指南》，成功研制洞庭山群体小叶功夫红茶。其碧螺春茶制作技艺被评为2023年度苏州市"十大绝技绝活"之一。

柳荣伟（男），1964 年出生，洞庭东山碧螺村茶农。2021 年 3 月被认定为碧螺春制作技艺苏州市非物质文化遗产代表性传承人。从事碧螺春制作 40 余年，熟练掌握炒茶工序中的关键性技术。其创办的苏州东山茶厂股份有限公司为省级龙头企业。柳荣伟还创办了江南茶文化博物馆，传承弘扬碧螺春茶文化。曾获"华茗杯"特别金奖、"中绿杯"金奖等。被评为"中国制茶大师""江苏省十佳工匠"。

苏州市吴中区级传承人

马国良（男），1949 出生，洞庭西山衙甪里村茶农。2012 年 3 月被认定为碧螺春制作技艺苏州市吴中区非物质文化遗产代表性传承人。马国良的祖辈以种植茶果为生，马国良高中毕业后在父亲的带领下开始学习茶叶炒制技艺。1967—1988 年，马国良开办农业技术夜校，注重茶果栽培和管理，传授碧螺春炒制技术。其组织成立了苏州市吴中区西山衙甪里碧螺春茶叶股份合作社。

顾晓军（男），1967 年出生，洞庭东山杨湾村茶农。2018 年 10 月被认定为碧螺春制作技艺苏州市吴中区非物质文化遗产代表性传承人。顾晓军善于学习，坚持碧螺春古法炒制 30 多年，并通过改良茶树品种，提升茶园管理模式，提高碧螺春茶叶效益。创建"近水""东灵"等碧螺春茶叶品牌。

90

沈四宝（男），1958年出生，洞庭西山东河村坞里茶农。2018年10月被认定为碧螺春制作技艺苏州市吴中区非物质文化遗产代表性传承人。沈四宝长时间用心做茶，积累了丰富的碧螺春传统生产制作经验。为苏州市西山天王茶果场合作社创办人。曾获"陆羽杯"优质奖、"中茶杯"一等奖、"中华名茶杯"银奖、全国手工绿茶制作技能大赛二等奖。

蔡国平（男），1967年出生，洞庭西山东蔡村茶农。2018年10月被认定为碧螺春制作技艺苏州市吴中区非物质文化遗产代表性传承人。1986年开始从事碧螺春茶叶的生产与炒制。2005年成立苏州洞庭山花果香茶场，2008年成立苏州吴中区明月湾生态茶业专业合作社。曾获"洞庭山碧螺春炒茶大师""江苏省炒茶能手"等称号。

此外，周永明、严介龙、柳荣伟、张建良、毛少云、顾晓军、蔡国平等7人获"中国制茶大师"称号。前文单独介绍了这7位大师，他们在洞庭山碧螺春制作技能的示范和碧螺春茶文化的传播中发挥了积极作用，是碧螺春制作技艺传承的重要力量。

四、洞庭山碧螺春的传承举措

作为洞庭山碧螺春原产地的苏州市吴中区高度重视洞庭山碧螺春制作技艺的传承，主要围绕以下三个方面开展工作：一是制定实施洞庭山碧螺春茶采制技术标准；二是构建确立洞庭山碧螺春非遗传承体系；三是建立完善洞庭山碧螺春传承基地。

（一）制定实施洞庭山碧螺春茶采制技术标准

如果说物种和产地是洞庭山碧螺春非遗传承赖以存在的物质基础（一旦丧失了原有物种或出现产地异化，洞庭山碧螺春的非遗传承将成为无本之木），那么洞庭山碧螺春茶的采制标准则是洞庭山碧螺春非遗传承可持续发展的根本遵循。

苏州市吴中区相关部门成立洞庭山碧螺春炒制工艺保护领导小组和碧螺春标准化技术工作小组，开展洞庭山碧螺春炒制工艺普查，申请建立全国碧螺春茶农业标准化示范区，组织起草洞庭山碧螺春茶采制技术标准，以全面推进洞庭山碧螺春茶采制技术标准化。炒制工艺保护领导小组将东山镇碧螺村、莫厘村、陆巷村、杨湾村、三山村、双湾村和西山金庭镇包山坞、水月坞、涵村坞、秉常村等 10 个村或区域确立为洞庭山碧螺春炒制工艺保护区域，摸清洞庭山碧螺春炒制工艺的历史沿革与发展现状，并进行科学归类、整理和存档，加强对传统碧螺春炒制工艺的保护，并为制定碧螺春茶采制技术标准提供数据资料。首个江苏省碧螺春茶地方标准《碧螺春茶》（DB32/159—1997）形成于1997年，当时主要是针对市场上铺天盖地的仿冒碧螺春茶，从净化市场环境、保护地方名茶出发，根据《中华人民共和国标准化法》的要求制定，其重点在于确定碧螺春成茶品质标准。随后，由苏州市吴中区农业局、苏州市吴中质量技术监督局、东山镇农林服务中心、金庭镇农林服务中心和南京农业大学的专家与技术人员组成碧螺春标准化技术工作小组，开展《洞庭碧螺春茶采制技术》标准的制定。该标准根据洞庭碧螺春茶的采摘和制作情况，参照江苏省地方标准，设置了采摘、拣剔、炒制及成茶等4个技术指标。其中，碧螺春成品茶执行DB32/159—1997标准中的规定。《洞庭碧螺春茶采制技术》于1999年形成讨论稿；2000年4月形成标准草案征求意见稿。2000年5月，《洞庭碧螺春茶采制技术》（DB32/T397—2000）通过江苏省质量技术监督局审定。之后，根据GB/T 1.1—2009《标准化工作导则 第1部分：标准的结构和编写》规定，又作了部分修改。2010年6月，《洞庭山碧螺春茶采制技术》（DB32/T397—2010）正式颁布实施。

《洞庭山碧螺春茶采制技术》（DB32/T397—2010）对碧螺春茶鲜叶的采摘时间、采摘标准、拣剔要求和碧螺春的炒制工序、炒制要求及碧螺春成茶等级标准分别作出了规定，使碧螺春茶采制技术要求有章可循，为洞庭山碧螺春非遗传承提供了技术保障，并且发挥了标准化在优质高效农业中的引领作用，从而促进了农业技术的进步。

（二）构建确立洞庭山碧螺春非遗传承体系

为推动洞庭山碧螺春茶采制技术标准化，科学传承非物质文化遗产洞庭山碧螺春制作技艺，苏州市吴中区积极构建确立洞庭山碧螺春非遗传承体系。

一是立足于炒制工艺传承，建立洞庭山碧螺春非物质文化遗产传承人体系，积极申报并已确立各级洞庭山碧螺春茶制作技艺非遗传承人12名，完善了洞庭山碧螺春制作技艺非遗名录保护体系。二是制定洞庭山碧螺春制作技艺传承指南，以制度化形式加快传承人培养。2022年3月，《苏式传统文化　洞庭（山）碧螺春茶制作技艺传承指南》正式颁布实施。三是加强洞庭山碧螺春制作技艺知识的教授与传播，探索新的历史条件下洞庭山碧螺春制作技艺的传承路径。在东山和西山茶区举办洞庭山碧螺春传统工艺学习班和培训班，编写洞庭山碧螺春茶制作技艺教程，并将其列入茶区中小学生社会实践活动课程。四是通过持续举办洞庭山碧螺春茶文化旅游节和碧螺春炒茶大赛（擂台赛）等，为茶农搭建制作技艺交流平台，检阅和促进洞庭山碧螺春制作技艺的传承与发展。

（三）建立完善洞庭山碧螺春非遗传承基地

相关部门在东山和西山茶区建设集保护、展示于一体的洞庭山碧螺春茶博园和洞庭山碧螺春茶传承研究基地，并实施了以下举措：确定苏州市吴中区洞庭山碧螺春茶业协会为洞庭山碧螺春国家级非遗项目保护单位，确定专业协会的传承地位并发挥其传承作用；确定苏州市东山镇农林服务站、金庭镇农林服务站和江南茶文化博物馆为苏州市级非遗项目保护单位（基地）；确定苏州市东山御封茶厂、江南茶文化博物馆为苏州市非遗分类保护基地。这些单位和基地，对照要求不断强化传承功能，在碧螺春茶文化知识普及、碧螺春制作技艺非遗传承中发挥了积极作用。

此外，相关部门还充分挖掘整合碧螺春非遗文化资源，赋能传统文化，推进碧螺春非物质文化遗产的创造性转化、创新性发展。如在传统绿茶基础上成功研制碧螺春红茶，通过传承基地建设推动传承方式革新和碧螺春茶文化传播，促进茶、文、旅深度融合，为现代农业和乡村振兴注入新的动能。

五、碧螺春现代传承方式的探索

随着社会的发展，传统的家庭代际传承方式显然已无法满足碧螺春茶产业的生产发展要求，亟需尽快建立适应现代茶业发展需要的新型传承方式。在这方面很多团体和企业进行了不少有益的探索，并取得了较多的成功经验，苏州市东山御封茶厂便是其中的代表性企业，其做法获得了政府部门和专家的普遍肯定，具有一定的示范性和借鉴意义。

（一）建立非遗传承平台，发挥非遗传承人的核心作用

在洞庭山碧螺春茶制作技艺的传承方面，苏州市东山御封茶厂坚持以非遗传承人为核心，以企业为专业传承平台，有效建立起了一整套传

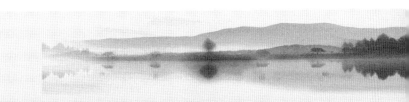

承机制。其企业法人严介龙为碧螺春制作技艺苏州市非物质文化遗产代表性传承人。他积极履行非物质文化遗产代表性传承人职能，凭借40多年炒茶经验，深入研究总结前人的炒制技术，致力洞庭山碧螺春传统炒制技艺的修复、挖掘和创新，成功创立了"严介龙古法碧螺春炒制茶技"，不断提升传承能力和传承水平。严介龙以其一手创立的苏州市东山御封茶厂为传承平台，致力碧螺春茶文化传播，全面开展洞庭山碧螺春茶制作技艺的传授，苏州市东山御封茶厂因此成为苏州市非遗分类保护传承基地。

（二）与农业高等院校合作，吸收和培养碧螺春制作人才

苏州市东山御封茶厂积极开展产学研合作，先后与苏州农业职业技术学院、南京农业大学、安徽农业大学和南京林业大学等高校的茶叶专业合作，在提高茶叶质量、开发新品的同时，吸收高校学生为碧螺春制作技艺传承对象，从而拓宽了碧螺春制作技艺的人才培养面向，逐步实现了碧螺春生产制作的专业化（以前洞庭山碧螺春茶叶生产仅是一项副业）。这些传承对象大多来自高校，从而改变了碧螺春制作技艺传承对象的知识结构和籍贯，使洞庭山碧螺春茶的制作朝专业化、职业化方向发展。

（三）创新传承培养模式，提升非遗传承效率

依托茶叶企业，并从高校招收制茶培养对象，这本身就是对传统传承模式的创新。为使非遗洞庭山碧螺春制作技艺的传承更富成效，苏州市东山御封茶厂积极参与《苏式传统文化 洞庭（山）碧螺春茶制作

技艺传承指南》的编制，不断创新传承理念，严格按照传承指南实施培训，使洞庭山碧螺春茶制作技艺的传承更加科学化、系统化，实现了理论授课、实践操作和结业考核的有机结合，提升了非遗传承效率。其中的关键是强化理论学习和实操训练，着力提升受训者的理论素养和动手能力。苏州市东山御封茶厂理论、实操、考核"三位一体"的传承模式，为茶产业现代人才的培养开辟了新路径，促进了洞庭山碧螺春制作技艺的传承与发展。

第七章

洞庭山碧螺春的发展前景

作为洞庭山碧螺春原产地，苏州市吴中区坚持保护与开发并重，充分挖掘整合洞庭山碧螺春茶资源，加大资金投入力度，加快生产基地建设，着力提高碧螺春茶树种植水平，全力打造"洞庭山碧螺春"农产品区域公用品牌，持续推进碧螺春茶产业化发展，并以茶叶经济赋能乡村振兴。截至2022年，洞庭山碧螺春茶园面积达3.92万亩，年产383吨，年产值3.69亿元，其中碧螺春茶叶产量116.35吨，产值近2亿元。吴中区被评为"全国茶业百强县""全国智慧茶业样板县域""'三茶统筹'先行县域"等。2022年，洞庭山碧螺春入选农业农村部社会事业促进司主办的"农遗良品"十佳品牌；洞庭山碧螺春稳居中国茶叶区域公用品牌价值前十强；"碧螺春制作技艺"作为"中国茶传统技艺及其相关习俗"重要组成部分，成功入选联合国教科文组织人类非物质文化遗产代表作名录。

一、洞庭山碧螺春的品牌化建设

在洞庭山碧螺春的品牌建设方面，相关部门采取了以下三方面措施。

（一）打响洞庭山碧螺春区域公用品牌

洞庭山碧螺春不仅是饮品，还是苏州的城市名片和吴地文化的传承载体。推动洞庭山碧螺春茶产业高质量发展，离不开创建高品质的茶叶区域公用品牌。多年来，吴中区以市场为导向，以品牌为引领，坚持创新驱动，着力打造、打响洞庭山碧螺春区域公用品牌，先后申请并获得"洞庭山碧螺春"地理标志证明商标、国家地理标志产品洞庭（山）碧螺春茶、中国驰名商标、农产品区域公用品牌、中欧地理标志，以及洞庭山碧螺春农产品地理标志防伪标识等，极大地提升了洞庭山碧螺春的知名度和品牌效应，推动了市场销售。

与此同时，吴中区相关部门还加强品牌的保护与利用，强化洞庭山碧螺春区域公用品牌授权使用管理，规范洞庭山碧螺春国家地理标志证明商标准入标准，先后核准 69 家茶企使用洞庭山碧螺春国家地理标志准用证，授权 37 家企业使用洞庭山碧螺春农产品地理标志防伪标识，发放洞庭山碧螺春地理标志专用标志 29 万余枚。

吴中区还以参展评奖扩大洞庭山碧螺春品牌的对外影响力。洞庭山碧螺春先后亮相"中茶杯""国饮杯""华茗杯""中绿杯""世界

红茶品鉴会"、江苏省"陆羽杯"等名优茶评比活动。在历届全国和江苏省名优茶评比中，洞庭山碧螺春共获得 8 个特等奖和 16 个一等奖。洞庭山碧螺春自 2019 年入选中国农业品牌目录农产品区域公用品牌以来，至 2022 年以 50.99 亿元的品牌价值居中国茶叶区域公用品牌价值榜第六位。一系列奖项与荣誉，有效提升了洞庭山碧螺春的品牌附加值，对拓展市场产生了积极作用。

（二）打造洞庭山碧螺春企业品牌集群

在打响洞庭山碧螺春区域公用品牌的同时，吴中区积极鼓励碧螺春茶企业注册商标，申报知名商标和名牌产品，鼓励茶企业积极参加各级各类茶叶展览与评比活动。至 2022 年年底，共有注册商标 185 件，拥有 1 个中国驰名商标、1 个中国名牌农产品、5 个江苏省著名商标、7 个江苏省名牌产品、28 个苏州市名牌产品，涌现出了"碧螺""庭山""天王坞""御封""咏萌""吴侬"等一批有影响力和知名度的茶叶品牌，吴中区的洞庭山碧螺春企业品牌集群效应日益释放。

为使更多的碧螺春品牌企业脱颖而出，吴中区一方面加大奖励力度，对获得知名商标等的企业予以奖励，一方面为企业搭建平台，推进企业品牌建设。例如，定期组织开展碧螺春炒茶大赛，为各类民间高手提供炒制技艺交流平台；为鼓励年轻一代投身茶叶事业，特举办洞庭山碧螺春炒茶青匠大赛；鼓励茶企业参加各级各类评比；等等。吴中区涌现出"中国制茶大师"7 名、各级非遗传承人 12 名。

吴中区相关部门还积极构建产学研平台，通过专业培训、专题讲座和科技下乡，以及绿色食品生产操作规程"进企入户"行动等科技科普活动，提高茶叶从业人员的整体技术素质，为洞庭山碧螺春持续健康发展注入新的动能。

（三）塑造茶文旅融合发展新型品牌

吴中区依托获评国家全域旅游示范区契机和区域共享农庄载体建设，通过深入挖掘茶果生态、休闲、旅游、文化等的价值，促进茶、文、旅融合发展。

深度挖掘茶果文化内涵，加快推动茶果产业与特色旅游、绿色餐饮、"大健康"等第三产业融合发展，大力发展集休闲、观光、体验等功能于一体的茶文化新业态，并在洞庭东山和西山推出了春、夏、秋、冬4个主题特色旅游节气品牌和若干精品旅游线路。近年来，融茶园观光、茶果采摘、休闲度假于一体的碧螺春茶文化体验活动，受到了苏州乃至长三角地区游客的广泛青睐。茶、文、旅融合发展，不仅开辟了新的业态，还提升了洞庭山碧螺春的美誉度和影响力，推动了茶叶的生产销售和茶产业的健康持续发展。

二、洞庭山碧螺春的产业化发展

（一）探索洞庭山碧螺春产业集约化生产经营

历史上洞庭山的茶树种植素来以家庭为单位，茶叶制作技艺则以家庭代际传承为主，由此形成了很多茶树种植和茶叶制作世家，茶叶生产呈自然增长状态。20 世纪 50 年代至 70 年代，洞庭山的茶树由生产队集体种植，地方供销社统一收购。这一时期，洞庭山茶叶生产发展平稳。80 年代起，回复到了传统的家庭种植模式，茶叶流通市场化，价格随行就市，茶叶的经济价值得以释放，这在很大程度上激发了茶农的茶树种植积极性。与此同时，地方政府出台了一系列政策措施，鼓励农民发展茶叶生产，拓展市场空间，茶树种植面积逐渐扩大，茶叶产量不断提高。

为提升洞庭山碧螺春的整体经济效益和产品品质，做大做强洞庭山碧螺春茶产业，在地方政府的倡导下，洞庭山从 20 世纪 90 年代中期起开始探索碧螺春产业化、集约化生产经营，主要从两个方面着手：一是培育茶叶龙头型企业，以"企业+农户"模式，实行统一采摘、统一加工、统一包装、统一检验、统一品牌、统一销售的产业化经营模式，发展壮大洞庭山碧螺春茶产业；二是以农业生产经营合作社为组织单位，联合周边农户（茶农），组成茶叶生产联合体，以"六统一"模式，实现集约化经营，确保原产地碧螺春茶叶的制作工艺标准与品质。

吴中区依托科技进步，推动洞庭山碧螺春的产业化发展。强化生产技术指导，建立技术人员结对挂钩制度，在茶果生产的关键农时及关键环节，进村入户，普及实用技术、市场信息和相关农业政策，帮助农户解决产前、产中、产后的实际问题。加强茶产业"三新"技术的引进、试验、示范和推广，与引进新品种的基地农户保持经常性联系，及时指导和解决新品种引进生产中出现的问题，增强农户的种植积极性，按早生种、中生种、晚生种的适宜比例逐步调优全区茶园品种结构。引进外省专家进行全自动一体化数字制茶设备调试运行，指导使用适制碧螺春机械，实施机械和手工相结合的碧螺春茶叶加工方式，推进碧螺春的机械化、标准化和规模化生产。同时，综合运用茶果园绿色栽培管理技术，大力推进绿色食品、有机食品生产。据 2022年 11 月《扬子晚报》报道，东山镇、金庭镇已成功创建省级绿色优质农产品基地，全区有 27 个茶园 1.8 万亩基地通过绿色食品认证。

茶叶生产已成为洞庭山农民的重要经济来源。2015 年，洞庭山有茶农 17458 户，其中东山镇 8532 户，金庭镇 8926 户；据 2019 年年初统计，吴中区有茶叶生产经营企业（含农民股份合作社）100 余家，获绿色食品茶园认证 23 家 19750 亩，有机茶园认证 9 家 1560 亩。

碧螺春产业化的另一个重要标志是分工的专业化。从 20 世纪 90年代起，当地形成了专业包装生产并出现了专业营销公司，先后在全国设立了 200 多个销售窗口，销售网点辐射到上海、北京、山东、四

川等省（市）的 60 多个城市，以及蒙特利尔、多伦多、温哥华、渥太华、纽约等国外多个城市。

规模化、产业化推动了洞庭山碧螺春茶产业的发展，提升了洞庭山碧螺春的经济效益。据统计，2010 年洞庭山茶树种植面积有 27500 亩，碧螺春总产量为 161800 千克，碧螺春产值为 17458 万元。至 2021 年，洞庭山茶树种植面积有 36800 亩，碧螺春总产量为 130390 千克，碧螺春产值为 19951 万元。

（二）优化洞庭山碧螺春产业化发展模式

1. 整合建设高标准中心茶园

为适应市场发展要求，地方政府鼓励茶农流转茶园使用权，整合建设高标准中心茶园，统一生产技术，统一管理，并逐步辐射周边茶园，促进碧螺春茶叶生产从家庭作坊式经营向股份合作等规模化经营转变。在自愿互利的前提下，2016 年组建了 53 个碧螺春茶专业合作社，实施碧螺春茶的集约化生产、企业化管理、品牌化销售、市场化运作。为洞庭山碧螺春茶产业的长远发展计，吴中区还分别组建了洞庭东山碧螺春和西山碧螺春两个股份合作联社，设立了江苏省首家茶叶博士工作站，建设了江南茶文化博物馆。通过积极搭建平台，尽茶之真，发茶之善，明茶之美，大力发展与茶叶相关的休闲、观光、旅游，用茶的"和、美、清、敬、雅"文化内涵来带动产业发展，实现洞庭山碧螺春茶文化与洞庭山碧螺春茶产业的有机结合。

2. 打造碧螺春共享制茶车间

在积极组建碧螺春茶股份合作社,实现洞庭山碧螺春集约化生产的基础上,优化生产工艺路径,高档碧螺春茶叶(特级、一级)实行手工炒制,中低档碧螺春茶叶则可实行机械和手工相结合制作,推进洞庭山碧螺春茶叶的标准化与机械化生产,降低生产加工成本,保证洞庭山碧螺春茶叶品质的稳定和统一。东山镇于2021年启动洞庭山碧螺春茶叶集中加工中心项目,并于2022年春建设完成投入试运行。加工中心的面积约为1000平方米,通过定制引进碧螺春茶叶初制、做型等机械化生产设施设备,在延续碧螺春传统制作技艺的基础上,进一步优化完善茶叶清洁化生产流程,对茶叶加工制作过程中的温度、时间、投放量等参数进行调试,在茶叶杀青、揉捻、做型等工序实现清洁化、自动化、标准化生产。加工中心日均加工青叶2000千克,可生产绿茶、红茶等产品。加工中心通过探索中晚茶的清洁化加工和代加工等方式联农、带农,以共享制茶车间减轻茶农生产成本、提高生产效率、助力乡村振兴。

3. 构建碧螺春全产业链体系

面对近年来越发激烈的市场竞争,吴中区握指成拳,按照"政府引导、国企引领、科技驱动、多方参与"的模式,由区级国资公司苏州市吴中农业发展集团牵头,组建成立吴中区碧螺春茶业有限公司,集聚整合全区茶农、茶园和茶企等资源,构建起"种质保护、原茶生产、精深加工、品牌赋能、市场销售、茶旅融合"的全产业链发展体

系，打造以"吴中"为主打品牌的洞庭山碧螺春，并推出"吓煞人香""水月""小青"等系列品牌，以精准化满足不同消费群体的需求。在龙头企业的引领下，更多强化洞庭山碧螺春品牌建设的举措被提上了日程：一方面，携手中国农业大学、苏州市农业科学院、苏州农业职业技术学院等科研院所的科研力量，多方共建苏州吴中洞庭山碧螺春茶产业研究院；另一方面，参加中国茶业经济年会并召开洞庭山碧螺春茶专场推介会，积极承办中国绿茶品牌大会并争取永久落户苏州市吴中区。在高频次的"引进来"和"走出去"中，吴中区正不断提升洞庭山碧螺春的知名度和影响力。

三、洞庭山碧螺春的转型与未来

在洞庭山碧螺春的转型方面，吴中区相关部门积极引导茶农做出了诸多尝试。

（一）由单一的碧螺春绿茶向多品种全产业链发展

吴中区相关部门积极引导茶农探索碧螺春红茶制作技艺，延长洞庭山茶的生命周期。传统碧螺春茶产业受时间限制，茶叶采摘时间一般集中在 3 月中旬至 4 月中旬，尤其以清明节前春茶为主，芽尖越小，所制茶叶的价值也就越高；到了清明后，由于叶芽儿长大，绿茶的品质和价格就会大幅下降。而且传统碧螺春产业的人工依赖性强，生产效率较低，导致茶叶的销售周期短。基于此，近年来不少企业在确保碧螺春绿茶质量的基础上，开始探索碧螺春红茶的制作，从传统单一的绿茶向红茶和绿茶并举转型。相比绿茶，红茶制作的效率更高，销售周期也长。为推动碧螺春红茶的生产，一些茶叶合作社通过引入红茶的标准化加工流程，对茶叶原料进行科学分类，用形小的叶芽儿制作高品质的绿茶，用稍大的叶制作红茶，使得茶叶的整体价值成倍提升。同时，还有合作社把当地的青柑、茉莉花、桂花等产业和红茶结合起来，制作成柑红茶、茉莉花红茶、桂花红茶等，实现"一季春茶，四季增收"。

为推进向红茶进一步发展的规模，加强龙头企业培育，提升碧螺春红茶的品牌化、产业化水平，吴中区积极推进茶、旅、文、康、养深度融合。洞庭山碧螺春无论是原料、制作技艺还是文化内涵都有着无可比拟的价值。吴中区通过充分挖掘、利用洞庭山碧螺春茶文化，将洞庭山碧螺春茶产业链向茶旅游、新茶饮等新消费供给渠道延伸，并加快融入健康、时尚、社交等属性，在农家乐、民宿、茶叶专业合作社一条街和山林观光带上做文章，促进茶、旅、文、康、养深度融合，打造环境美、茶品牌响、文化底蕴深的茶文化高地，着力提升洞庭山碧螺春茶产品的附加值。

（二）"三茶"统筹引领洞庭山碧螺春茶产业高质量发展

吴中区深入贯彻落实习近平总书记关于"统筹做好茶文化、茶产业、茶科技这篇大文章"重要指示精神和省、市部署要求，"三茶"统筹，依托科技进步，做大做强洞庭山碧螺春茶产业。具体有以下举措。

1. 升级茶产业，带动农民增收致富

实施"引水上山"工程，适度扩大茶叶种植面积。开展炒青加工和秋茶种植，推进茶叶深加工。全面加强洞庭山碧螺春原产地域保护，将洞庭山碧螺春打造为"生态绿茶第一品牌"，真正实现"种一片叶子、富一方百姓"。

《苏州市吴中区洞庭山碧螺春茶产业振兴三年行动方案（2023—2025）》多维度、全方位推动洞庭山碧螺春茶产业高质量发展，提出力争到2025年年底，吴中区实现全区茶园总面积超5万亩，茶产业产值超10亿元，并出台1部洞庭山碧螺春保护条例，建成1个洞庭山碧螺春茶文化园、1家洞庭山碧螺春科研机构、2座碧螺春茶树良种繁育基地，培育3家省级以上农业龙头企业，将洞庭山碧螺春区域公用品牌价值提升至全国前三位。

2. 攻关茶科技，提升茶叶品种品质

全面开展洞庭山碧螺春茶树种质资源调查，引进适宜的秋茶优良品种。联合中国农业大学和本土科研院所力量，共建苏州吴中洞庭山碧螺春茶产业研究院，针对洞庭山碧螺春的实际情况，加强茶叶品种的选育、引进和技术攻关，为洞庭山碧螺春茶产业的健康发展提供科研支撑。同时，对接江苏省茶叶学会、南京农业大学、上海市农业科学院等科研院所，针对洞庭山碧螺春的品种选育、机械制茶、产品研发等深入开展科学研究。聘请院士和国家级茶叶专家与团队合作，培养一批洞庭山碧螺春茶产业专业人才，持续开展茶果间作传统特色保护工作，优化茶果间作比例及品种，推进茶果间作良好模式标准化。实施"中国传统制茶技艺及其相关习俗"五年保护计划，以传承人为核心，提高从业人员技艺水平。

建立洞庭山群体小叶种茶树资源数据库，对优质种质资源实行集中保护。目前已建立碧螺春茶树种质资源圃 4 个、原种茶保护区 5 个。依托现有种质资源圃，引进数字化智慧农业先进理念，完善基础沟渠、道路等设施，引入喷滴灌、水肥一体化系统等设备，提质升级洞庭山碧螺春茶树种质资源。在吴中区茶园"一张图"数据库的基础上，继续深入核查确定茶农的茶园面积及品种，同时开展茶果品种选育工作，建设良种苗圃，逐步淘汰改良现有品质低下的茶果树品种，不断提升洞庭山茶树和果树的良种率。推广绿色防控技术，结合苏州生态涵养发展实验区、太湖生态岛建设要求，持续推进洞庭山碧螺春茶园的肥水管理，对区域内茶果间作系统生产所使用的化肥实行统一配供，对废弃农药包装物和农膜实行统一回收处置，大力推广有机肥料的使用，全面监测东山和西山茶园的土壤数据，通过进行科学肥培管理和实施生物防治技术，为进一步实施切实有效的茶园生物防治提供数据支撑。

3. 深耕茶文化，提升洞庭山碧螺春综合效益

加快建设集洞庭山碧螺春炒制、展示、体验、休闲于一体的文化产业园，合力推进水月坞中国洞庭山碧螺春茶文化园建设，将缥缈峰景区打造成中国洞庭山碧螺春茶文化主题景区。在东山镇开工建设集茶园观光、茶果采摘、非遗文化研学体验、茶文化展示、休闲度假于一体的洞

庭山碧螺春茶文化体验乐园，进一步提高洞庭山碧螺春的美誉度。深入挖掘洞庭山碧螺春茶文化的特色和内涵，推动茶文化交融互鉴，共同讲好中国茶故事，让更多的人知茶、爱茶，共品茶香、茶韵。

构建洞庭山碧螺春相关非物质文化遗产保护体系，推动建设一批洞庭山碧螺春茶文化展示馆、传承基地等场所，不断强化江苏吴中碧螺春茶果复合系统中国重要农业文化遗产基础条件建设。

附录

洞庭山碧螺春的相关标准

ICS 67. 140. 10

X 55

中华人民共和国国家标准

GB/T 18957—2008
代替 GB 18957—2003

地理标志产品　洞庭（山）碧螺春茶

Product of geographical indication—

Dongting（mountain）Biluochun tea

2008-07-31 发布　　　　　　　　　　2008-11-01 实施

中华人民共和国国家质量监督检验检疫总局
中国国家标准化管理委员会　发布

前　言

本标准根据《地理标志产品保护规定》及 GB/T17924《地理标志产品标准通用要求》制定。

本标准代替 GB 18957—2003《原产地域产品 洞庭（山）碧螺春茶》。

本标准与 GB 18957—2003 相比主要变化如下：

——将标准属性由强制性改为推荐性；

——根据国家质量监督检验检疫总局颁布的《地理标志产品保护规定》，修改了标准中英文名称及相关表述；

——将有关"净含量允差"修改为"净含量允许短缺量"；

——依据 GB 2762 和 GB 2763，将卫生指标改为污染物限量指标和农药最大残留限量指标；

——修改了保质期要求。

本标准的附录 A 为规范性附录。

本标准由全国原产地域产品标准化工作组提出并归口。

本标准主要起草单位：苏州市吴中区洞庭山碧螺春茶业协会、苏州洞庭山碧螺春茶地理标志产品保护办公室、苏州市洞庭山碧螺春茶业有限公司。

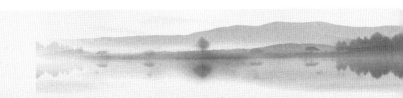

本标准主要起草人：章无畏、谢燮清、汤泉、沈华明、季小明、马国梁。

本标准所代替标准的历次版本发布情况为：

——GB 18957—2003。

地理标志产品　洞庭（山）碧螺春茶

1　范围

本标准规定了洞庭（山）碧螺春茶的术语和定义、地理标志产品保护范围、分级及实物标准样、要求、试验方法、检验规则、标志、标签和包装、运输、贮存。

本标准适用于国家质量监督检验检疫行政主管部门根据《地理标志产品保护规定》批准保护的洞庭（山）碧螺春茶。

2　规范性引用文件

下列文件中的条款通过本标准的引用而成为本标准的条款。凡是注日期的引用文件，其随后所有的修改单（不包括勘误的内容）或修订版均不适用于本标准，然而，鼓励根据本标准达成协议的各方研究是否可使用这些文件的最新版本。凡是不注日期的引用文件，其最新版本适用于本标准。

GB/T 191　包装储运图示标志

GB 2762　食品中污染物限量

GB 2763　食品中农药最大残留限量

GB 7718　预包装食品标签通则

GB/T 8302　茶取样

GB/T 8304　茶　水分测定

GB/T 8305　茶　水浸出物测定

GB/T 8306　茶　总灰分测定

GB/T 8310　茶　粗纤维测定

JJF 1070　定量包装商品净含量计量检验规则

SB/T 10035　茶叶销售包装通用技术条件

SB/T 10157　茶叶感官审评方法

国家质量监督检验检疫总局令〔2005〕第75号《定量包装商品计量监督管理办法》

3　术语和定义

下列术语和定义适用于本标准。

3.1　洞庭（山）碧螺春茶　Dongting（mountain）Biluochun tea

在本标准第4章规定的范围内，采自传统茶树品种或选用适宜的良种进行繁育、栽培的茶树的幼嫩芽叶，经独特的工艺加工而成，具有"纤细多毫，卷曲呈螺，嫩香持久，滋味鲜醇，回味甘甜"为主要品质特征的绿茶。

3.2　茶叶单张　tea single

茶叶经冲泡后叶底呈现出的单片嫩叶，系茶叶加工过程中形成的。

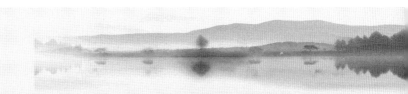

GB/T 18957—2008

4 地理标志产品保护范围

洞庭（山）碧螺春茶地理标志产品保护范围限于国家质量监督检验检疫行政主管部门根据《地理标志产品保护规定》批准的范围，见附录 A。

5 分级及实物标准样

5.1 分级

洞庭（山）碧螺春茶按产品质量分为特级一等、特级二等、一级、二级、三级。

5.2 实物标准样

各等级设一个实物标准样，实物标准样为该级品质最低界限，每三年换样一次。

6 要求

6.1 自然环境

6.1.1 地貌

洞庭山位于苏州西部丘陵山区，洞庭东山系太湖半岛，洞庭西山是四面环水的全岛。山岭大部分是五通系石英砂岩和紫色云母砂岩及小部分中生代石灰岩组成。经长期侵蚀，山丘外貌圆浑，其周围地面下降为湖湾，再经坡积物、湖积物填充而成谷地，俗称山坞。茶树主要分布在山坞及山麓缓坡中。

6.1.2 气候

洞庭山属北亚热带湿润性季风气候带，受太湖及复杂地形影响，温

116

暖湿润，四季分明。年平均气温 16℃，平均日照 2190 h，无霜期 244 d。年均降水量 1100 mm，相对湿度 79%。

6.1.3 土壤

洞庭山土壤由山丘岩石风化残积物发育的土壤为地带性自然黄棕壤，山坞和山间开阔平地为若基黄棕壤。土壤中有机质、磷含量较高，pH 值 4~6。

6.1.4 植被

洞庭山植物种类丰富，生长繁密。有松树、杉木、白栎、冬青、麻栎及人工营造的银杏、枇杷、杨梅、极栗、柑橘、桃、梅、石榴等十多种果树。茶树栽培于果树、林木中，林木覆盖率在 80% 以上。

6.2 茶树栽培

6.2.1 茶果间作

茶果间作是碧螺春茶最具特色的栽培方式，茶果间作方式是以茶为主，在茶园中嵌种果树，以 25%~35% 的覆盖率为宜。

6.2.2 适宜与茶树间作的果树

适宜与茶树间作的果树主要有：枇杷、杨梅、板栗、梅树、柑橘等树种。

6.3 鲜叶原料

6.3.1 鲜叶采摘时间

鲜叶采摘时间为春分前后至谷雨，谷雨后采制的茶不得称为洞庭（山）碧螺春茶。

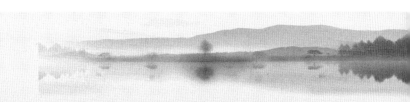

6.3.2 鲜叶采摘标准

一芽一叶初展，一芽一叶，一芽二叶初展，一芽二叶。每批采下的鲜叶嫩度、匀度、净度、新鲜度应基本一致。

6.4 工艺流程

鲜叶拣剔 →高温杀青 →热揉成形 →搓团显毫 →文火干燥。

6.5 感官指标

6.5.1 不得含有非茶类夹杂物，不着色，不添加任何香味物质，无异味、无霉变。

6.5.2 各级洞庭（山）碧螺春茶感官品质应符合实物标准样。

6.5.3 各级洞庭（山）碧螺春茶感官指标应符合表1规定。

表1 洞庭（山）碧螺春茶感官指标

级别	外形				内质			
	条索	色泽	整碎	净度	香气	滋味	汤色	叶底
特级一等	纤细、卷曲呈螺、满身披毫	银绿隐翠鲜润	匀整	洁净	嫩香清鲜	清鲜甘醇	嫩绿鲜亮	幼嫩多芽、嫩绿鲜活
特级二等	较纤细、卷曲呈螺、满身披毫	银绿隐翠较鲜润	匀整	洁净	嫩香清鲜	清鲜甘醇	嫩绿鲜亮	幼嫩多芽、嫩绿鲜活
一级	尚纤细、卷曲呈螺、白毫披覆	银绿隐翠	匀整	匀净	嫩爽清香	鲜醇	绿明亮	嫩、绿明亮
二级	紧细、卷曲呈螺、白毫显露	绿润	匀尚整	匀、尚净	清香	鲜醇	绿尚明亮	嫩、略含单张、绿明亮
三级	尚紧细、尚卷曲呈螺、尚显白毫	尚绿润	尚匀整	尚净、有单张	纯正	醇厚	绿尚明亮	尚嫩、含单张、绿尚亮

6.6 理化指标

洞庭（山）碧螺春茶理化指标应符合表2规定。

表2 洞庭（山）碧螺春茶理化指标

项目	指标
水分/%	≤7.5
总灰分/%	≤6.5
水浸出物/%	≥34.0
粗纤维/%	≤14.0

6.7 质量安全指标

6.7.1 污染物限量指标

应符合 GB 2762 规定。

6.7.2 农药最大残留限量指标

应符合 GB 2763 规定。

6.8 净含量

净含量允许短缺量应符合国家质量监督检验检疫总局令〔2005〕第75号《定量包装商品计量监督管理办法》。

7 试验方法

7.1 抽样

按 GB/T 8302 规定执行。

7.2 感官品质

按 SB/T 10157 规定和实物标准样执行。

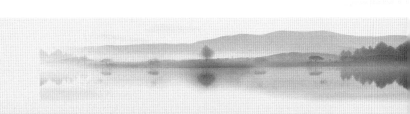

7.3 理化指标

7.3.1 水分检验

按 GB/T 8304 规定执行。

7.3.2 总灰分检验

按 GB/T 8306 规定执行。

7.3.3 水浸出物检验

按 GB/T 8305 规定执行。

7.3.4 粗纤维检验

按 GB/T 8310 规定执行。

7.4 质量安全指标检验

污染物限量按 GB 2762 规定执行，农药最大残留限量按 GB 2763 规定执行。

7.5 净含量检验

净含量允许短缺量检验按 JJF1070 规定执行。

8 检验规则

8.1 检验批次

在生产和加工拼配过程中形成的独立数量的产品为一个批次，同批产品的品质规格和包装应一致。

8.2 出厂检验

8.2.1 出厂检验项目为感官指标、水分、净含量和标签。

8.2.2 产品应经过厂质检部门的检验，签发产品质量合格证后，

方可出厂。

8.3 型式检验

型式检验的项目为本标准规定的全部项目，检验周期为每年一次，有下列情况之一时，应进行型式检验：

a）加工工艺改变后，可能影响产品品质时；

b）停产一年后又恢复生产时；

c）生产地址或生产设备发生较大变化，可能影响茶叶产品质量时；

d）国家法定质量监督机构提出型式检验要求时。

8.4 判定规则

8.4.1 检验结果中凡有劣变、有污染、有异气味或污染物限量指标和农药最大残留限量指标不合格的产品，均判定该批产品不合格。

8.4.2 净含量、理化指标中若有一项指标不合格时，可从同批产品中加倍随机抽样复检，复检后仍不合格的，则判定该批产品不合格。感官指标经综合评判后不合格的，可从同批产品中加倍随机拍样复检，复检后仍不合格的，则判定该批产品不合格。对检验结果有争议时，应对留存样品进行复检，或在同批 产品中加倍随机抽样，对有争议项目进行复检，以复检结果为准。

9 标志、标签

9.1 获得使用地理标志产品专用标志的生产者，应按地理标志产品专用标志管理办法的规定在其产品 上使用防伪专用标志和洞庭（山）碧螺春茶保护名称。标签应符合 GB 7718 的规定。

9.2 不符合本标准的产品，其产品名称不得使用含有洞庭（山）碧螺春茶（包括连续或断开）的名称。

9.3 经销单位进行分装和小包装时，应标明分装或包装日期。

9.4 运输包装箱的图示标志应符合 GB/T 191 的规定。

10 包装、运输、贮存

10.1 包装

包装材料应干燥，清洁，无异味，不影响茶叶品质。包装应牢固，防潮，整洁，能保护茶叶品质，便于装卸、仓储和运输。接触茶叶的包装材料应符合 SB/T 10035 规定。

10.2 运输

运输时应放在干净、无异味、无污染的专用包装箱内，应轻装轻放，防雨、防潮，避免撞击、重压。

10.3 贮存

产品应贮存于清洁、干燥、阴凉、无异味的专用仓库中，仓库周围应无异味。

10.4 保质期

保质期由生产者根据产品的类型、包装材料和贮存条件等因素自行确定。

附录 A
（规范性附录）
洞庭（山）碧螺春茶地理标志产品保护范围图

洞庭（山）碧螺春茶地理标志产品保护范围见图 A.1。

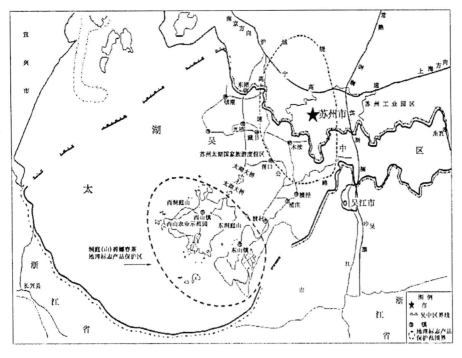

注：西山镇于 2007 年 5 月①更名为金庭镇。

图 A.1　洞庭（山）碧螺春茶地理标志产品保护范围图

---

① 实为 2007 年 6 月，编者注。

ICS 65.020.20
B35
备案号：28589—2010

DB32

江 苏 省 地 方 标 准

DB32/T 395—2010
代替 DB32/T 395—2000

124

洞庭山碧螺春茶园建设

Technology for constucting Dongting（mountain）Biluochun tea plantation

2010-08-05 发布

2010-11-05 实施

江 苏 省 质 量 技 术 监 督 局　　发布

前　言

本标准代替 DB32/T 395—2000。

与 DB32/T 395—2000 相比：

——开垦要求修改为"15°以上坡地，按等高水平线筑梯田"；

——修改种子和苗木要求，改为"宜选用灌木型、中小叶类、发芽早、绒毛多、叶色绿、抗寒性强、适制碧螺春茶的地方良种"。

本标准按 GB/T 1.1—2009《标准化工作导则　第 1 部分：标准的结构和编写》的规定编写。

本标准由江苏省农业委员会提出。

本标准起草单位：苏州市吴中区农业局、苏州市东山镇农林服务中心、苏州市金庭镇农林服务中心、苏州市吴中质量技术监督局、南京农业大学。

本标准主要起草人：季小明、李金珠、徐雪棣、余杏生、徐元元、房婉萍。

本标准首次发布时间为 2000 年 8 月 8 日。

本标准第一次修订时间为 2010 年 8 月 5 日。

洞庭山碧螺春茶园建设

1 范围

本标准规定了洞庭山碧螺春茶园建设的环境要求、开垦、种苗、种植、底肥及栽种方法。

本标准适用于洞庭山碧螺春茶园建设。

2 规范性引用文件

下列文件对于本文件的应用是必不可少的。凡是注日期的引用文件，仅注日期的版本适用于本文件。凡是不注日期的引用文件，其最新版本（包括所有的修改单）适用于本文件。

GB 3095—1996 环境空气质量标准

GB 5084—2005 农田灌溉水质标准

GB 11767—2003 茶树种苗

GB 15618—1995 土壤环境质量标准

3 环境要求

3.1 园地应该选择空气清新，水质纯净，土壤未受污染具有良好的农业生态环境的地区。新茶园力求做到园地成块，果茶间作，能灌能排，坡顶有林。

3.2 大气质量应符合 GB 3095—1996 中一级的规定。

3.3 灌溉用水应符合 GB 5084—2005 的规定。

3.4 土壤质量应符合 GB 15618—1995 的规定。同时要求土壤深 80cm 以上，有较高肥力，pH 4.0~6.0，地下水位低于 1m。

3.5 茶果间作：以茶为主，茶果间作。以种植梅树、板栗、枇杷、杨梅等为宜，果树覆盖率（25~35）%。

3.6 种植防护林：30°以上陡坡、高山顶部应种植生态防护林，树种以松、杉、枫、香樟等为宜。

4 开垦

4.1 清除园地障碍物（野树、杂草、竹鞭、乱石、坟墩等），平整地形。

4.2 平缓坡地直接开垦，全面深翻 60cm 以上。

4.3 15°以上坡地，按等高水平线筑梯田，然后开垦。土层浅的应加培客土，土层厚度不低于 80cm。梯田要求岩石筑埂，外高内低。

4.4 因地制宜，设置截洪沟，横水沟，纵水沟及蓄水池。

5 种苗

5.1 种子和苗木宜选用灌木型、中小叶类、发芽早、绒毛多、叶色绿、抗寒性强、适制碧螺春茶的地方良种。

5.2 种子和苗木应符合 GB 11767 的规定。

6 种植

6.1 时间

春季 2 月中旬至 3 月上旬，秋季 10 月下旬至 12 月上旬。移苗以春季为宜。

6.2 密度

6.2.1 单行条播（植），行距（140~150）cm，穴距（25~30）cm。每穴茶籽（3~5）粒或茶苗2株。

6.2.2 双行条播（植）大行距150cm，小行距33cm。穴距（株距）（25~30）cm，呈三角型排列。每穴茶苗2株或茶籽（3~4）粒。

7 底肥

7.1 按行距开种植沟（槽），宽80cm，深60cm，并将表土、心土分开堆放。

7.2 把表土回填沟中，施入底肥。鲜草（2500~3000）kg/亩，再加饼肥150 kg/亩或农家厩肥（2000~2500）kg/亩，再加复合肥（氮-磷-钾：15∶15∶15）75 kg/亩，与土拌和然后覆土。

8 栽种方法

8.1 根据种植规格，按规定株、行距开好种植沟。

8.2 栽植插苗时，一手扶正茶苗，一手将土填入沟中，逐层填土压实，并浇足"定根水"，再在茶苗根部覆土直至根颈处。

8.3 播种子后盖土（3~5）cm。

8.4 栽后用茅草、稻草、秸杆等覆盖茶行。齐苗后清除茶丛间的覆盖物。

《洞庭碧螺春茶园建设》
江苏省地方标准编制说明

1 任务的来历及工作简要过程

"洞庭碧螺春"茶是吴县市洞庭东山、西山的历史传统产品，已有300年历史，于清明前后采收头批一芽一叶鲜叶为原料，经过熟练茶农手工炒制而成。为促进农业技术进步，充分发挥标准化在发展高产、优质、高效农业中的作用，经吴县市政府同意，申请全国碧螺春茶农业标准化示范区（下面简称"示范区"），并于一九九八年五月被国家质量技术监督局列入第二批全国高产优质高效农业标准化示范区计划。其主要任务是实施农业综合标准化，包括对"洞庭碧螺春"茶产前、产中、产后的技术要求制定标准。

《洞庭碧螺春茶茶园建设》江苏省地方标准，主要由吴县市碧螺春标准化技术工作小组（下面简称"技术组"）负责起草，于1999年形成讨论稿。为了验证标准的先进性、可行性、适用性，在东山、西山镇示范区进行试运行。在征求众多茶叶专家包括农民茶叶专家的意见后于2000年4月形成标准草案征求意见稿。

2 进行的主要调查研究和试验验证

本标准起草过程中，吴县市东山镇林业站、西山镇农副业公司及农技站的茶叶专家，科技推广站的主要负责人、技术人员提供了大量宝贵资料，并且陪同技术组人员分季分地深入示范区实地考察，向示范区茶农调查了解茶园目前的建设状况，特别是近几年来东山镇白沙村种苗无土栽培技术的运用推广。

本标准草案形成后，得到了示范区茶农的认可并加以实施。东山镇林业站实验基地、西山镇包山坞等茶区按本标准中的规定对茶园的环境要求进行了重新建设。

3 标准的主要技术指标、试验方法的依据及确定原则

根据吴县市洞庭碧螺春茶园建设情况参照有关国家的规定，本标准设置了6个技术指标，环境要求、开垦、种苗、种植、底肥及栽种方法。其中环境要求对"洞庭碧螺春"茶独特风格的形成为重要指标。

本标准中"大气质量"环境要求执行 GB 3095—1996《环境空气质量标准》中一级标准的规定。

本标准中"灌溉用水"环境要求符合 GB 5084—2005《农田灌溉水质标准》的规定。各项技术指标检测结果高于该标准规定值。

本标准中"土壤质量"环境要求符合 GB 15618—1995《土壤环境质量标准》的规定。各项技术指标检测结果高于该标准规定值。

本标准中"种苗"执行 GB 11767—2003《茶树种苗》的规定。

本标准中"大气质量""灌溉用水""土壤质量"环境要求达

到绿色食品农业环境质量标准的规定。

本标准中其他技术指标均在"洞庭碧螺春"茶300年来茶农积累的经验基础上、广泛征求有关部门和茶叶专家的意见后形成的。

4 预测经济效果

本标准制定后在示范区及东、西山镇其他茶区统一按规定建设，有利于提高茶叶的产量和等级。预计特一、二、三级品比例2∶2∶6优化为3∶3∶4。特一级品价格从目前每500克500元可提高到800~1000元，加之特一级品率及产量提高10%，每亩经济效益可增加1~2倍。

5 贯彻标准的主要措施及建议

5.1 召开新闻发布会，在发布会上作省地方标准贯标动员，请新闻单位向全社会作标准发布新闻公告。

5.2 在"示范区"分批举办培训班，在东、西山镇农技推广站的"简讯"上刊登宣传，或在"公共宣传栏"内刊登，确保向东、西山镇所有茶农贯标。

5.3 选择茶园建设良好的"示范区"，对标准进行具体的实施。

5.4 组织茶农参观学习本标准实施效果良好的"示范区"，增强贯标意识。

《洞庭碧螺春茶园建设》等3项江苏省地方标准
审定意见

2000年5月27日由江苏省质量技术监督局主持，邀请了科技推广和生产供销等方面的专家六人在南京对吴县市多管局、苏州市吴县质量技术监督局起草的《洞庭碧螺春茶园建设》《洞庭碧螺春茶园管理技术》《洞庭碧螺春茶采制技术》等3项江苏省地方标准进行审定，专家们听取了标准起草人对标准编制的说明，并对标准逐项逐条审议，一致认为：

1. 该3项标准通过对吴县市洞庭东、西山茶园生态环境调查和长期以来碧螺春茶生产实践经验的总结，参阅相关资料，提出了洞庭碧螺春茶园建设的环境、开垦、种苗和种植的技术要求、不同生育阶段的茶树栽培管理措施与技术指标以及采摘加工的工艺规程和技术参数，依据充分，具有较强的可操作性。

2. 该3项标准以洞庭碧螺春茶质量为中心，明确了茶果间作、营造防护林、应用良种、重施有机肥、病虫害综合防治等规范化栽培技术规程和适时分级采摘、高温杀青、热揉成型、搓团提毫、文火干燥等规范化采制技术规程，具有科学性和先进性，3项标准的贯彻实施将有利于全面规范洞庭碧螺春茶生产过程，促进生产方式从传统、保守型向现代、科学型转化，进一步提高品质，提高效益。

3. 该 3 项标准的编写符合 GB/T 1.1—2009《标准化工作导则第 1 部分：标准的结构和编写》的要求。

4. 提供审定的技术资料齐全，标准审定要求。审定委员会一致同意通过审定。

主任委员：

副主任委员：

年　月　日

江苏省地方标准审批证书

标准 名称		起草单位	
		参加单位	

起草单位意见			
起草人：	负责人：		年　月　日

行政主管部门意见			
			年　月　日

省技术监督局审批意见	审核人：	标准编号、实施日期	DB32/T 395—2010
			实施日期：
	批准人：		主办人：
			年　月　日

标准审查委员会名单			
姓名	工作单位	职务　职称	签名

134

ICS 65. 020. 20
B 35
备案号：28590—2010

DB32

江 苏 省 地 方 标 准

DB32/T 396—2010

代替 DB32/T 396—2000

洞庭山碧螺春茶园管理技术

Technology for managing Dongting（mountain）

Biluochun tea plantation

2010-08-05 发布 2010-11-05 实施

江 苏 省 质 量 技 术 监 督 局 发布

前　言

本标准代替 DB32/T 396—2000。

与 DB32/T 396—2000 相比：

——修改茶园浅耕、翻耕的时间和深度要求；

——调整茶园施肥时间和施肥量；

——增加 10 月份疏花疏果一次；

——增加生产记录要求。

本标准按 GB/T 1.1—2009《标准化工作导则　第 1 部分：标准的结构和编写》的规定编写。

本标准由江苏省农业委员会提出。

本标准起草单位：苏州市吴中区农业局、苏州市东山镇农林服务中心、苏州市金庭镇农林服务中心、苏州市吴中质量技术监督局、南京农业大学。

本标准主要起草人：季小明、李金珠、徐雪棣、余杏生、徐元元、房婉萍。

本标准首次发布时间为 2000 年 8 月 8 日。

本标准第一次修订时间为 2010 年 8 月 5 日。

洞庭山碧螺春茶园管理技术

1 范围

本标准规定了洞庭山碧螺春茶区的幼年茶园管理、成年茶园管理及衰老茶园改造。

本标准适用于洞庭山碧螺春茶园管理。

2 规范性引用文件

下列文件对于本文件的应用是必不可少的。凡是注日期的引用文件，仅注日期的版本适用于本文件。凡是不注日期的引用文件，其最新版本（包括所有的修改单）适用于本文件。

GB 4285—1989 农药安全使用标准

3 幼年茶园管理

3.1 耕作

3.1.1 浅耕除草

5月中旬、7月中下旬各1次，浅耕（3~8）cm。

3.1.2 翻耕

10月上旬~11月下旬，中耕（10~20）cm。对种植前未深翻破土茶园，茶行间深翻（30~50）cm。

3.1.3 除草

当年栽种茶园，茶苗根部周围杂草应雨后人工拔除。

3.2 施肥

3.2.1 追肥

一年生茶树 7 月、8 月各施稀薄人粪尿（人粪尿：清水为 1：10）1 次。2~4 年生茶树 2 月中上旬、5 月中旬施肥 1 次。施肥量见表 1。

表 1　幼年茶园施追肥量

树龄	年施肥量/（kg/亩）
1 年生	稀薄人粪尿 1500~2000
2 年生	尿素 7.5 或等氮量有机肥
3~4 年生	茶叶专用肥 20 加尿素 7.5 或等氮量有机肥

3.2.3 基肥

10 月上旬—11 月下旬施农家厩肥 1000 kg/亩或商品有机肥 100 kg/亩。

3.3 抗旱

旱季前松土，除草，根部培土。梅雨季节行间覆草，高温前茶苗遮阴，干旱时灌溉。

3.4 铺草

6 月中下旬茶行间铺草，厚 10 cm 左右，每亩（1500~2000）kg。

3.5 定型修剪

2 足龄茶树高 30 cm 以上，主茎粗 0.3 cm 以上，在离地 15 cm 处剪去主枝。3 足龄茶树离地 30 cm 处剪平。4 足龄茶树离地（40~45）cm 处剪平。时间为 3 月上中旬。

3.6 移苗补缺

对断行缺株，翌年 3 月上中旬移栽童年生茶苗 2 株/穴。

3.7 病虫害防治

应执行本标准 4.6 条的规定。

4 成年茶园管理

4.1 耕作

4.1.1 浅耕

2 月中上旬、5 月上旬、7 月下旬各一次，浅耕（5~12）cm。

4.1.2 中耕

10 月上旬~11 月下旬，耕翻（15~25）cm。

4.2 施肥

重施有机肥，有机肥与无机肥结合；重视基肥，基肥与追肥结合；以氮为主，氮、磷、钾肥结合。

4.2.1 追肥

2 月中下旬施尿素（20~30）kg/亩或等氮量的茶叶专用复合肥。5 月上中旬视茶园地力情况和长势情况施无机肥（30~50）kg/亩或人粪尿（1000~1500）kg/亩等。

4.2.2 基肥

10 月上旬~11 月下旬，在树冠边缘开沟深（20~30）cm，施菜饼肥 150 kg/亩或农家厩肥（1500~2000）kg/亩或商品有机肥（150~200）kg/亩。

4.3 抗旱

茶园土壤相对含水量低于70%时，应引水灌溉。

4.4 铺草

应执行本标准3.4条的规定。

4.5 修剪

4.5.1 轻修剪

5月上中旬，用篱剪剪去表层（3~5）cm枝条及突出枝，以平整树冠。

4.5.2 深修剪

当树冠商埠形成鸡爪枝（结节枝）、茶芽瘦小、叶张薄时需深修剪。5月上中旬把鸡爪枝全部剪去（10~20）cm。

4.5.3 疏花

10月份疏花疏果一次。

4.6 病虫害防治

4.6.1 防治原则

实行"以农业防治、生物防治为主，化学农药为辅"方针。

在严格执行植物检疫制度，采取综合防治措施前提下，合理施用化学农药，维护自然天敌对害虫的生态控制能力。

4.6.2 植物检疫制度

严格执行国家、省颁布的植物检疫制度，防止检疫性病虫蔓延传播。

4.6.3 农业防治

采取分批及时采摘，合理修剪，疏枝清园。耕作除草，水分管理（旱季灌溉补水，雨季防湿防水）等措施，以创造有利茶树生长、不利病虫发生的环境条件。

4.6.4 生物防治

保护利用天敌开展喷洒病毒，以菌治病虫及以虫治虫。

4.6.5 物理机械防治

通过捕杀式摘除害虫及卵块，拔除病株，及灯光、食饵诱杀害虫。

4.6.6 农药防治

4.6.6.1 应执行 GB 4285 的规定。

4.6.6.2 严格禁用剧毒、高毒、高残留的农药。在碧螺春采摘期禁用化学农药。

4.6.6.3 在非碧螺春采摘期。如在生产上使用有机合成农药，应选用高效低残留农药。要严格按规定方法使用，并要求在茶叶中的最终农药残留低于最大残留限量，最后一次施药距采取间隔天数不得少于规定日期，每种有机合成农药在同一块茶园的生长期内只允许使用一次。

4.6.6.4 做好虫病调查，能挑治的不普治。不达防治指标（由镇农技部门发布）的不用农药防治。

4.6.6.5 提倡对症施药，应用有效低容量和小孔径喷片（直径≤1 mm）。

4.6.6.6 在农药选用上应选取对几种防治对象均有效的农药进行农药混配，以达到主次害虫兼治。

5 衰老茶园改造

5.1 更新树冠，复壮树势

5.1.1 重修剪

5月上旬对未老先衰茶树，剪除树冠1/3~1/2（离地30 cm~40 cm）。

5.1.2 台刈

4月下旬对衰老茶树用台刈剪、锯等从根颈处剪除全部枝条（离地5 cm~10 cm）。

5.2 深耕施肥，改良土壤

5.2.1 树冠修剪后即深翻（30~50）cm，施腐熟猪、羊厩肥或禽粪（2500~3000）kg/亩，或菜饼肥200 kg/亩加茶叶专用肥25 kg/亩。

5.2.2 对土层浅薄茶园，加培客土，使土层达60 cm。

5.3 补植缺株，增加密度

3月上旬移栽茶苗，改丛植为条植。

5.4 加强管理

对树冠更新的茶树，第2年至第3年春进行定型修剪，留养复秋茶，防治病虫害。

5.5 换种改植

对严重衰老、品种混杂、断行断株多的茶园应换种改植。选择良种壮苗按新茶园建设规定执行。

6 记录

对生产管理过程进行记录并建立田间档案，档案保存时间不少于3年。

《洞庭碧螺春茶园管理技术》
江苏省地方标准编制说明

1 任务的来历及工作简要过程

"洞庭碧螺春"茶是吴县市洞庭东山、西山的历史传统产品，已有 300 年历史，于清明前后采收头批一芽一叶鲜叶为原料，经过熟练茶农手工炒制而成。为促进农业技术进步，充分发挥标准化在发展高产、优质、高效农业中的作用，经吴县市政府同意，申请全国碧螺春茶农业标准化示范区（下面简称"示范区"），并于 1998 年 5 月被国家质量技术监督局列入第二批全国高产优质高效农业标准化示范区计划。其主要任务是实施农业综合标准化，包括对"洞庭碧螺春"茶产前、产后的技术要求制定标准。

《洞庭碧螺春茶茶园管理技术》江苏省地方标准，主要由吴县市碧螺春标准化技术工作小组（下面简称"技术组"）负责起草，于 1999 年形成讨论稿。为了验证标准的先进性、可行性、适用性，在东山、西山镇示范区进行试运行。在征求众多茶叶专家包括农民茶叶专家的意见后于 2000 年 4 月形成标准草案征求意见稿。

2 进行的主要调查研究和试验验证

本标准起草过程中，吴县市东山镇林业站、西山镇农副业公司及农技站的茶叶专家，科技推广站的主要负责人、技术人员提供了大量宝贵资料，并且陪同技术组人员分季分地深入示范区实地考察，向示范区茶农调查了解茶园目前的管理状况，包括耕作、施肥、抗旱、铺草、修剪、病虫害防治及衰老茶园改造。

本标准草案形成后，得到了示范区茶农的认可并加以实施。东山镇林业站实验基地按本标准中的规定对衰老茶园进行了改造。

3 标准的主要技术指标、试验方法的依据及确定原则

根据吴县市洞庭碧螺春茶园管理情况，参照有关国家的规定，本标准对幼年茶园管理、成年茶园管理、衰老茶园改造规定了技术指标。

本标准中农药安全使用符合 GB 4285—1989《农药安全使用标准》的规定。并符合中国绿色食品发展中心出版的《农药肥料使用准则》的规定。

本标准中其他技术指标均是在"洞庭碧螺春"茶 300 年来茶农积累的经验基础上、广泛征求有关部门和茶叶专家的意见后形成的。

4 预测经济效果

本标准制定后在示范区及东、西山镇其他茶区统一按规定建设，有利于提高茶叶的产量和等级。预计特一、二、三级品比例 2：2：6 优化为 3：3：4。特一级品价格从目前每 500 克 500 元可提高到 800~1000 元，加之特一级品率及产量提高 10%，每亩经济效益可增加 1~2 倍。

5 贯彻标准的主要措施及建议

5.1 召开新闻发布会，在发布会上作省地方标准贯标动员，请新闻单位向全社会作标准发布新闻公告。

5.2 在示范区分批举办培训班，在东、西山镇农技推广站的《简讯》上刊登宣传，或在公共宣传栏内刊登，确保向东、西山镇所有茶农贯标。

5.3 选择茶园建设良好的示范区，对标准进行具体的实施。

5.4 组织茶农参观学习本标准实施效果良好的示范区，增强贯标意识。

《洞庭碧螺春茶园建设》等3项江苏省地方标准
审定意见

2000 年 5 月 27 日由江苏省质量技术监督局主持，邀请科技推广和生产供销等方面的专家 6 人在南京对吴县市多管局、苏州市吴县质量技术监督局起草的《洞庭碧螺春茶园建设》《洞庭碧螺春茶园管理技术》《洞庭碧螺春茶采制技术》等 3 项江苏省地方标准进行审定，专家们听取了标准起草人对标准编制的说明，并对标准逐项逐条审议，一致认为：

1. 该 3 项标准通过对吴县市洞庭东、西山茶园生态环境调查和长期以来碧螺春茶生产实践经验的总结，参阅相关资料，提出了洞庭碧螺春茶园建设的环境、开垦、种苗和种植的技术要求、不同生育阶段的茶树栽培管理措施与技术指标，以及采摘加工的工艺规程和技术参数，依据充分，具有较强的可操作性。

2. 该3项标准以洞庭碧螺春茶质量为中心，明确了茶果间作、营造防护林、应用良种、重施有机肥、病虫害综合防治等规范化栽培技术规程和适时分级采摘、高温杀青、热揉成型、搓团提毫、文火干燥等规范化采制技术规程，具有科学性和先进性，3项标准的贯彻实施将有利于全面规范洞庭碧螺春茶生产过程，促进生产方式从传统、保守型向现代、科学型转化，进一步提高品质，提高效益。

3. 该3项标准的编写符合 GB/T 1.1—2009《标准化工作导则 第1部分：标准的结构和编写》的要求。

4. 提供审定的技术资料齐全，标准审定要求。审定委员会一致同意通过审定。

主任委员：

副主任委员：

年　月　日

江苏省地方标准审批证书

标准 名称		起草单位	
		参加单位	

起草单位意见
起草人：　　　　　负责人：　　　　　　　　年　月　日

行政主管部门意见
年　月　日

省技 术监 督局 审批 意见	审核人： 批准人：	标准编号、 实施日期	DB32/T 396—2010 实施日期： 主办人： 年　月　日

标准审查委员会名单			
姓名	工作单位	职务　职称	签名

ICS 65. 020. 20
B 35
备案号：28591-2010

DB32

江 苏 省 地 方 标 准

DB32/T 397—2010

代替 DB32/T 397—2000

洞庭山碧螺春茶采制技术

Technology for plucking and processing Dongting （mountain）

Bi luochun tea

2010-08-05 发布

2010-11-05 实施

江 苏 省 质 量 技 术 监 督 局 　发布

前　言

本标准代替 DB32/T 397—2000。

与 DB32/T 397—2000 相比：

——修改表 1 中鲜叶分级要求；

——增加制作工艺流程；

——修改摊放时间为（5~6）h；

——修改杀青投叶量为（400~600）g；

——调整各阶段的锅温要求；

——增加第 7 章"摊凉、包装、贮藏"。

本标准按 GB/T 1.1—2009《标准化工作导则　第 1 部分：标准的结构和编写》的规定编写。

本标准由江苏省农业委员会提出。

本标准起草单位：苏州市吴中区农业局、苏州市东山镇农林服务中心、苏州市金庭镇农林服务中心、苏州市吴中质量技术监督局、南京农业大学。

本标准主要起草人：季小明、李金珠、徐雪棣、余杏生、徐元元、房婉萍。

本标准首次发布时间为 2000 年 8 月 8 日。

本标准第一次修订时间为 2010 年 8 月 5 日。

洞庭山碧螺春茶采制技术

1 范围

本标准规定了洞庭山碧螺春茶的采摘、拣剔及炒制。

本标准适用于洞庭山碧螺春茶采制。

2 规范性引用文件

下列文件对于本文件的应用是必不可少的。凡是注日期的引用文件，仅注日期的版本适用于本文件。凡是不注日期的引用文件，其最新版本（包括所有的修改单）适用于本文件。

GB/T 18957—2008 地理标志产品　洞庭（山）碧螺春茶

3 采摘

3.1 采摘时间：3 月中旬~4 月中旬。

3.2 单芽、一芽一叶初展至一芽二叶，鲜叶分级见表 1。

表 1　鲜叶分级

级别	芽叶组成	芽叶长度/cm
特一级	一芽一叶初展>70%，单芽<30%	1.5~2.0
特二级	一芽一叶初展>80%，单芽<20%	2.0~2.5
一级	一芽一叶展开>80%，一芽二叶初展<20%	2.5~3.2
二级	一芽一叶展开>65%，一芽二叶初展<35%	3.2~3.5
三级	一芽一叶>50%，一芽二叶<50%	3.2~3.5

3.3 茶园中 50%茶树新梢达标应开采。要分批勤采，要提采，不掐采。

3.4 鲜叶要求新鲜有活力，不采雨水叶、病虫叶、紫芽叶及剥芽苞。

3.5 盛放在清洁竹篮、竹篓中。不紧压，不用布袋及塑料袋。

4 制作工艺流程

鲜呈拣剔→高温杀青→热揉成形→搓团显毫→文火干燥。

5 拣剔

5.1 要求

鲜叶长短整齐，均匀一致。

5.2 方法

鲜叶"头头"过堂，剔除鱼叶、老叶、嫩籽"抢标"（早萌发的越冬芽）及其他杂物。

5.3 摊放

采摘及拣剔后鲜叶应薄堆（<2.5 cm），在室内阴凉处的洁净无异味的竹匾或木板上。时间为（5~6）h。

6 炒制

摊放叶在洁净炒锅中炒制。特点是"手不离茶、茶不离锅、炒中带揉、连续操作、起锅即成"。

6.1 杀青

6.1.1 投叶量：（400~600）g。

6.1.2 锅温：（180~200）℃。

6.1.3 时间：（3~4）min。

6.1.4 程度：手感柔软，略失光泽，稍有黏性，始发清香。失重 20-25%。

6.1.5 要点：双手翻炒，先抛后闷，做到捞挣抖散，杀匀、杀透。

6.2 揉捻

6.2.1 锅温：（65~75）℃。

6.2.2 时间：（10~15）min。

6.2.3 程度：揉叶成条，不粘手，叶质尚软，失重（55~60）%。

6.2.4 要点：先轻后重，边炒、边抖、边揉。

6.3 搓团

6.3.1 锅温：（55~65）℃。

6.3.2 时间：（10~12）min。

6.3.3 程度：茸毫显露，条索紧细卷曲，失重（70~75）%。

6.3.4 要点：揉叶置于两手掌中搓团，每搓（4~5）转解块一次。边搓团、边解块、边干燥。锅温低-高-低，用力轻-重-轻。

6.4 干燥

6.4.1 温度：（45~55）℃。

6.4.2 时间：（6~8）min。

6.4.3 程度：茶叶有触手感。含水量（7~7.5）%。

6.4.4 要点：轻翻，文火烘至含水量7%以内。

6.5 成品

洞庭山碧螺春茶成品符合 GB/T 18957—2008。

7 摊凉、包装、贮藏

摊凉至室温，密封包装冷藏。

———————

153

附录 洞庭山碧螺春的相关标准

ICS 65.020
CCS B 35

DB3205

苏 州 市 地 方 标 准

DB3205/T 1039—2022

苏式传统文化

洞庭(山)碧螺春茶制作技艺传承指南

Suzhou-style traditional culture-

Inheritance guidance for Dongting（mountain）Bi luochun tea

2022-02-28 发布　　　　　　　　　　　　　2022-03-10 实施

苏 州 市 市 场 监 督 管 理 局　　发布

前　言

本文件按照 GB/T 1.1—2020《标准化工作导则　第 1 部分：标准化文件的结构和起草规则》的规定起草。

请注意本文件的某些内容可能涉及专利。本文件的发布机构不承担识别专利的责任。

本文件由苏州市农业农村局提出并归口。

本文件起草单位：苏州市东山御封茶厂、苏州洞庭熙螺茶叶有限公司金庭茶场、苏州三万昌茶叶有限公司生产基地分公司、苏州市质量和标准化院、苏州市苏标标准技术服务有限公司、苏州农业职业技术学院、苏州市吴中区农业干部技术学校、苏州市吴中区洞庭山碧螺春茶业协会、苏州市吴中区东山镇农林服务站。

本文件主要起草人：严斌、谭芊芊、张瑜莲、严介龙、张建良、杨青、周文渊、薛旸、陈旭、姚瑜、王志伟、吴海军、陈君君、侯苏娜。

本文件为首次发布。

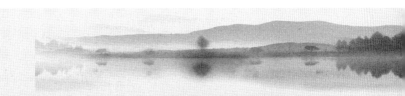

苏式传统文化 洞庭（山）碧螺春茶制作技艺传承指南

1 范围

本文件规定了洞庭（山）碧螺春茶制作技艺传承的术语和定义、基本要求、传统制茶技艺、传承人培养、文化弘扬和保障措施。

本文件适用于洞庭（山）碧螺春茶生产经营单位、行业部门、职业院校、职业技能培训机构以及行业团体开展制茶技艺传承工作时使用。

2 规范性引用文件

下列文件中的内容通过文中的规范性引用而构成本文件必不可少的条款。其中，注日期的引用文件，仅该日期对应的版本适用于本文件，不注日期的引用文件，其最新版本（包括所有的修改单）适用于本文件。

GB/T 18957—2008 地理标志产品 洞庭（山）碧螺春茶

3 术语和定义

下列术语和定义适用于本文件。

3.1 洞庭（山）碧螺春茶 dongting（mountain）biluochun tea

在洞庭（山）碧螺春茶地理标志产品保护范围内，采自传统茶树品种或选用适宜的良种进行繁育、栽培的茶树的幼嫩芽叶，经独特的工艺加工而成，具有"纤细多毫，卷曲呈螺，嫩香持久，滋味鲜醇，回味甘甜"为主要品质特征的绿茶。

［来源：GB/T 18957—2008，3.1］

4 基本要求

做好洞庭（山）碧螺春茶制作技艺传承工作，应至少满足以下要求：

a）制定完整的技艺传承规划，建立科学的工作机制和管理制度；

b）实施茶文化记录工程，完整记录传统制茶技艺，保存传统设施设备；

c）建立健全传承人保护和管理制度，努力发掘、培养和扶持技艺传承人；

d）开展茶文化的整理和研究，充分挖掘文化价值；

e）加大传统制茶技艺保护和传承重要性的宣传。

5 传统制茶技艺

5.1 鲜叶采摘

5.1.1 采摘时间为春分前后至谷雨。

5.1.2 采摘的鲜叶应一芽一叶初展，一芽一叶，一芽二叶初展，一芽二叶。每批采下的鲜叶嫩度、匀度、净度、新鲜度应基本一致。

5.1.3 采下的鲜叶应盛放在清洁竹篮、竹篓中。不紧压，不用布袋和塑料袋。

5.2 鲜叶摊放

采摘及拣剔后的鲜叶应薄堆（<2.5 cm）在洁净无异味的竹匾或木

板上，其间翻动 1~2 次，使鲜叶散发青气和水分。摊放时间一般为 5~6 h，生产单位可根据实际情况适当调整。摊放场所应清洁卫生、阴凉通风。

注：鲜叶应及时精心拣剔，剔去鱼叶、老叶及其他杂物，芽叶应长短整齐，均匀一致。

5.3 高温杀青

杀青时，锅温 300 ℃左右投叶，投叶量控制在 400~600 g，用双手翻抖 4~5 min，先抛后闷，做到捞净、杀透、杀匀，重复多次，直至茶叶手感柔软、略失光泽、稍有黏性、始发清香。

注：测温点为距离锅底正中心上方 40 cm。

5.4 热揉成形

揉捻时，调节锅温至 120 ℃左右，用手将杀青后的茶叶沿锅壁顺时针揉转，先轻后重，抖炒交错，揉捻结合，持续 10~12 min，直至揉叶成条，不沾手，叶质尚软，条索逐渐形成。

5.5 搓团显毫

搓团时，调节锅温至 80 ℃左右，将茶叶置于两手掌中反复揉搓，持续 8~10 min，直至茸毫显露，条索紧细卷曲。

5.6 文火干燥

干燥时，调节锅温至 60 ℃左右，将搓团后的茶叶轻轻翻动，用文火烘焙，持续 6~8 min，直至茶叶有触手感。干燥完成后，应使茶叶含水量≤7.5%。

5.7 成品摊凉

将干燥后的茶叶摊凉至室温，密封包装冷藏。

6 传承人培养

6.1 培养总则

传承人的培养，首选懂茶叶、爱茶乡、爱茶农的从业人员，传授洞庭（山）碧螺春茶制作核心技艺和相关知识，培养具有社会主义核心价值观的高素养技术技能型人才。

6.2 培养方式

6.2.1 传统学徒制

通过师傅的传帮带，使学徒掌握洞庭（山）碧螺春茶的制作技艺、文化和相关知识，培养高素养技术技能型人才。

6.2.2 新型学徒制

职业院校和生产单位深度合作，设置符合职业标准的专业课程，对接教学过程与生产过程，向生产单位输送优秀毕业生，进一步培养制茶技艺。

6.2.3 社会培训制

通过职业技能培训机构，了解茶叶文化、学习制茶技艺、锻炼品茶能力。

6.3 传承人选

挑选制茶技艺学艺者时，考虑以下资质：

a) 色觉、嗅觉、味觉等感官灵敏度；

b）手臂、手指动作协调、灵活性；

c）对重复、枯燥工作的忍耐能力；

d）新知识的领悟能力以及探究学习能力。

6.4 传授内容

6.4.1 理论知识

包括：

a）茶叶文化和发展历史；

b）制茶设备、工具、场地方面的知识；

c）传统制茶步骤、方法和细节要求；

d）传统制茶技艺的保护和传承意识。

6.4.2 实践能力

包括：

a）传统制茶技术实操能力；

b）制茶技艺的优化和改良能力；

c）茶叶品鉴能力。

6.5 传承人认定

传承人的认定应按照文化广电和旅游管理部门有关文件的规定执行。

7 文化弘扬

7.1 阵地建设

7.1.1 支持洞庭（山）碧螺春茶文化走进中小学校园，鼓励生产单位在学校设立非遗传习基地，将制茶技艺、茶艺文化融入到日常教学之中。

7.1.2 鼓励生产单位与职业院校合作建立洞庭（山）碧螺春茶文化推广中心，建立传统制茶技艺档案和资料库，收集、整理和保存传统制茶设施设备和历史影像资料。

7.1.3 鼓励行业团体、生产单位兴办洞庭（山）碧螺春茶技艺传承体验中心，集传承、体验、教育、培训、旅游等功能于一体，定期开展传承体验活动。

7.2 学术交流

7.2.1 鼓励行业团体和生产单位积极组织和参加非遗学术交流和茶文化学术交流等活动，搭建文化交流平台，邀请优秀的非遗传承人分享传统文化保护和传承经验。

7.2.2 鼓励行业团体和生产单位积极参加中外文化交流活动，分享和学习文化保护的先进经验。

7.3 展览宣传

7.3.1 鼓励行业团体和生产单位积极组织和参加传统文化博览会、茶博会、非物质文化遗产节等活动，展示实物并附带文字、图片、影像资料等讲解材料。

7.3.2 生产单位宜自行开设茶叶展示馆、茶文化馆，展示实物、图文资料，供社会各界人士参观学习。有条件的宜配备专业的老师现场讲解，带领参观人员体验洞庭（山）碧螺春茶的制作技艺。

7.4 信息化宣传

行业团体、生产单位和职业院校等单位宜利用网络信息技术，建立洞庭（山）碧螺春茶专题网站和微信公众号。内容宜从茶叶概述、历史沿革、制茶技艺、精品鉴赏、茶艺茶道、技能大赛、教学科研等方面展开，展示独特茶产品及其制作技艺的同时，进一步营造开放的学习环境，满足公众交流、探讨、休闲、鉴赏等需求。

8 保障措施

8.1 政策激励

鼓励制定保护、传承和发展制茶技艺的相关政策，激励和引导行业各有关单位良性发展。

8.2 队伍建设

鼓励行业团体制定并实施传承人研修培训计划，提升传承人技能艺能。生产单位应与职业院校开展深度合作，加强传承梯队建设。

8.3 经费支持

鼓励行业团体和生产单位建立并完善传承人资助奖励机制，为传承人授徒传艺、传承实践、改良创新、传播推广、文旅融合等提供活动场所和经济支持。

8.4 拓宽渠道

鼓励各单位建立技艺传承体验设施，完善技艺传承体验体系。推动地方开展职业技能培训机构建设，吸引社会各界人士。

附录 A
（资料性）
洞庭（山）碧螺春茶制作技艺图示

图 A.1~图 A.5 给出茶叶制作技艺图示。

图 A.1　鲜叶拣剔

图 A.2　高温杀青

图 A.3 热揉成形

图 A.4 搓团显毫

图 A.5　文火干燥

附录　洞庭山碧螺春的相关标准

后 记

　　作为洞庭山碧螺春制作技艺的传承人和江苏省乡土人才"三带"名人、姑苏乡土人才，弘扬碧螺春茶文化，传承碧螺春制作技艺，助推碧螺春的产业发展，是我义不容辞的职责。为此，我利用苏州市东山御封茶厂和苏州农业职业技术学院园艺科技学院茶叶生产与加工专业合作，共建产教融合平台，至今已联合培养毕业生100余人，我还有幸被聘为江苏省产业教授。在生产与传承实践中，我深深感到需要一部系统介绍洞庭山碧螺春的专业性书籍，这无论是对碧螺春的产业发展，还是对碧螺春炒制工艺的传承，都是不可或缺的。

　　然而，我虽出身茶叶世家，且从事碧螺春生产制作已40多年，并曾参与起草《苏式传统文化　洞庭（山）碧螺春茶制作技艺传承指南》，但要全面把握《洞庭山碧螺春》一书的编撰，我个人的学识和水平显然是远远不够的。而苏州农业职业技术学院的老师一再给予我鼓励和支持，并于2022年初引见我结识了《苏州日报》资深记者、江南电子音像出版社原总编辑、作家袁雪洪。袁雪洪不仅出版著作多部，有较强的书稿编撰能力，而且一直关注地方文化，是首届碧螺春茶文化节的策划者。是年初夏，本书编委会组成。首次参加编委会会议的除我和袁雪洪之外，还有来自苏州农业职业技术学院的三位老师，分别为：江苏省原良种培育工程果树协作组常绿果树协作攻关组首席专家、江苏省"333 高层次人才培养工程"首批中青年科学技术带头人袁卫明推广研究员，江苏省"青蓝工程"中青年学术带头人、学校茶专业负责人韩鹰教授（博士），江苏省技术能手（茶）、江苏省优秀茶文化工作者、苏州市茶业行业协会秘书长陈君君副教授。会议讨论并初步拟定了书稿的框架与目录，一致确认以"洞庭山碧螺春"为书名。同时，进行了编写分工。之后，编委会就初稿审议和书稿修改多次召开会议或通过网络进行交流。在此，十分感谢各位专家教授的智慧贡献和辛勤付出。身为主编，其实我更多的是起到了一位召集者的作用。

《洞庭山碧螺春》一书的编撰，得到了苏州农业职业技术学院、苏州市吴中区农村农业局、苏州市吴中区洞庭山碧螺春茶业协会的鼎力支持；得到了中国农业科学院茶叶研究所原副所长、二级研究员鲁成银，江苏省茶叶学会理事长、江苏省茶叶产业技术体系首席专家王润贤，中国茶叶流通协会会长、全国茶叶标准化技术委员会主任委员王庆，碧螺春茶业协会会长张建良等专家和领导的关心支持。王庆会长还专门为本书作序。值此，一并致以崇高的敬意。同时，衷心感谢苏州大学出版社，感谢为本书出版倾注大量心血的刘海编审。

严介龙

2023 年 10 月